人工智能开发丛书

数据挖掘与机器学习：

PMML建模

潘风文　黄春芳　著

（上）

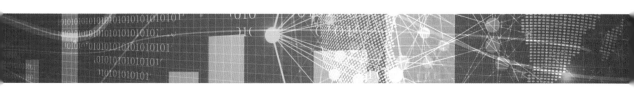

化学工业出版社

·北京·

本书结合实际例子详细介绍了数据挖掘和机器学习领域关联规则模型、朴素贝叶斯模型、贝叶斯网络模型、基线模型、聚类模型、通用回归模型、回归模型、高斯过程模型以及K最近邻模型九种模型的表达方式及构建知识。读者最好同时结合《PMML建模标准语言基础》一书进行学习，以便融会贯通，灵活运用，更好地把PMML语言应用到自己的项目实践中。

本书的读者对象为从事数据挖掘、机器学习、人工智能系统开发的人员以及教师和学生，也可以作为大数据及机器学习爱好者的自学用书。

图书在版编目（CIP）数据

数据挖掘与机器学习：PMML建模．上/潘风文，黄春芳著．
—北京：化学工业出版社，2020.2
（人工智能开发丛书）
ISBN 978-7-122-35607-9

Ⅰ.①数…　Ⅱ.①潘…②黄…　Ⅲ.①数据采集②机器学习
Ⅳ.①TP274②TP181

中国版本图书馆CIP数据核字（2019）第252476号

责任编辑：潘新文　　　　　　　　　　　　　装帧设计：韩　飞
责任校对：宋　夏

出版发行：化学工业出版社（北京市东城区青年湖南街13号　邮政编码100011）
印　　装：北京瑞禾彩色印刷有限公司
787mm×1092mm　1/16　印张15¾　字数352千字　2020年2月北京第1版第1次印刷

购书咨询：010-64518888　　　　　　　　　　售后服务：010-64518899
网　　址：http://www.cip.com.cn
凡购买本书，如有缺损质量问题，本社销售中心负责调换。

定　　价：99.00元　　　　　　　　　　　　　　　版权所有　违者必究

⊒ **前　言**

　　关于PMML的基础知识，我们在《PMML建模标准语言基础》（潘风文，潘启儒著）一书中进行了详细介绍。1997年，芝加哥伊利诺伊大学的Robert Lee Grossman博士发起设计了数据挖掘模型的开放标准语言PMML(Predictive Model Markup Language)，即预测模型标记语言。PMML是一种基于XML规范的开放式挖掘模型表达语言，为不同的数据挖掘系统提供了定义和应用数据挖掘模型的方法，为大数据模型的跨平台应用提供了标准的解决方案。通过采用PMML规范，用户可在一个软件系统中创建预测模型，以符合PMML标准的文档对其进行表达，然后将其传递到另外一个应用系统中，并在该系统中对新的环境下的数据进行预测，从而实现预测模型的跨语言、跨平台应用的可移植性。作为事实上的表达预测模型的标准，目前PMML已经被IBM、SAS、NCR、FICO、NIST、Tibco等顶级商业公司所支持，同时也受到大量开源挖掘系统，如Weka、Tanagra、RapidMiner、KNIME、Orange、GGobi、JHepWork等的支持，其影响力越来越大，目前已经成为W3C的标准。

　　我们知道，一个完整、有效的PMML实例文档包括数据词典、挖掘模式/架构、数据转换、模型定义、输出、目标、模型解释、模型验证等元素，PMML规范（4.3版）支持关联规则模型、朴素贝叶斯模型、通用回归模型、高斯过程回归等17种常用模型和一种聚合模型（在一个PMML文档中包含多个不同模型，实现协同功能）。本书我们将结合实例，对每个挖掘模型的组成、算法和构建进行具体介绍，使大家对这些模型有一个相对清晰、完整的把握。限于篇幅，我们将PMML规范支持的18种模型分在两本书中进行介绍，本书介绍的模型包括关联规则模型、朴素贝叶斯模型、贝叶斯网络模型、基线模型、聚类模型、通用回归模型、回归模型、高斯过程模型以及K最近邻模型九种。剩下的九个模型，包括神经网络模型、规则集模型、序列规则模型、评分卡模型、SVM（支持向量机）模型等，我们将在《数据挖掘与机器学习：PMML建模（下）》中讲述。通过本书学习，读者可以学习到标准的PMML模型的表达方式及构建知识，对于具有一定数据挖掘和机器学习基础的读者，通过阅读本书，照样可以补充学习数据挖掘和机器学习模型的丰富知识。为了提高学习效果，读者最好同时结合《PMML建模标准语言基础》进行学习，以便融会贯通，灵活运用，更好地把PMML语言应用到自己的项目实践中。

本书由长期从事数据挖掘领域的潘风文博士和北京中医药大学生命科学学院黄春芳副教授合作编写，其中第1章、第6章和第7章由黄春芳编写，其余章节由潘风文编写。潘启儒在本书编写过程中做了许多协助工作，在此表示真诚感谢。由于平时业务繁忙，编写时间比较仓促，因此书中难免存在疏漏，希望广大读者在阅读过程中不吝给出批评指正，以便我们在重印时进行修改、完善。作者QQ：420165499。

本书的读者对象为从事数据挖掘、机器学习、人工智能系统开发的人员以及教师和学生，也可以作为大数据及人工智能方向爱好者的自学用书。

潘风文　黄春芳

2019年10月

目 录

附录　　　　　　　　　　　　　　　　　　**243**

1 关联规则模型 AssociationModel

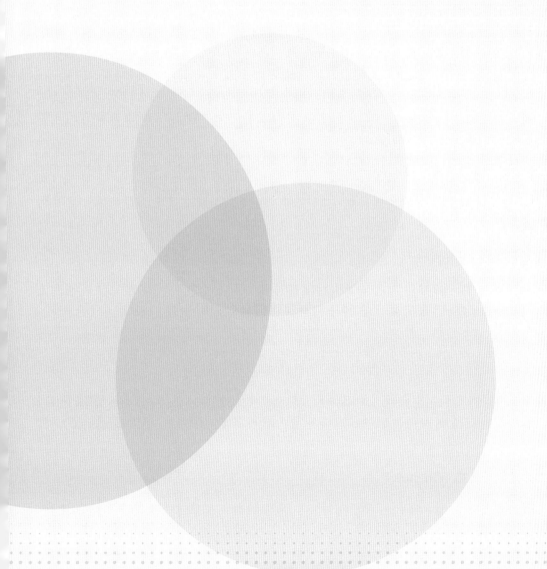

1.1 关联规则基础知识

这里先讲一则故事。沃尔玛（WalMart）是一家全球性的大型零售企业，成立于1962年，总部位于美国阿肯色州的本顿维尔（Bentonville）。沃尔玛的技术人员很早就建立了商品销售数据仓库，通过数据建模对商品销售数据进行统计分析，提炼出所需的信息，供决策层使用。

有一次，沃尔玛的数据分析人员在分析某个地区的销售数据时发现，每逢周末，超市的啤酒和尿布的销售量都很大，且单张购物小票中同时出现尿布和啤酒的记录非常普遍。分析人员认为这并非偶然，背后肯定有某种原因。结果通过调研发现，在美国有婴儿的家庭中，通常是妻子在家照看婴儿，丈夫在周末去超市购买尿布、奶粉等婴幼儿用品。丈夫在购买尿布时，往往会顺便为自己购买一些啤酒，因而就出现了啤酒与尿布这两种看上去风马牛不相及的商品双双出现在同一购物篮的现象。沃尔玛于是尝试将啤酒和尿布摆放在一起销售，结果二者的销量大增。

以上啤酒和尿布的关系，其实在某种意义上就蕴含了关联规则 AR(Association Rule)的模型。关联规则用来表示一个项集（itemset）与另一个项集之间的相互关系及其关联程度。所谓项集，即项（item）的集合，项则代表一个或一类事物。例如，一个客户在超市中购物时，啤酒、肉罐头、奶制品同时出现在他的购物篮中，那么这次交易中的啤酒、肉罐头、奶制品就可称为"项"，三者共同构成了一个"项集"。关联规则有时也称购物篮分析（market basket analysis）。

关联规则通常用"if{项集 A} then{项集 C}"的形式来表达项集之间的关系，其中项集 A 称为关联规则的前项（antecedent itemset），项集 C 称为关联规则的后项（consequent itemset）。为了从数学模型的角度理解关联规则，需要先了解支持度、置信度和提升度这三个概念。

（1）支持度（Support）

在所有事务中，同时包含前项 A 和后项 C 的事务所占的比例，称为关联规则的支持度，用 support(A->C) 来表示，它等于前项 A 和后项 C 同时出现的概率（联合概率）$P(AC)$：

$$support\ (A\text{->}C) = support\ (AC)$$

前项 A 的支持度为包含前项 A 的事务数占总事务数的比例，记为 support(A),即 $P(A)$；同理，后项 C 的支持度为包含后项 C 的事务数占总事务数的比例，记为 support(C),即 $P(C)$。

（2）置信度（Confidence）

在所有事务中，前项 A 和后项 C 同时发生的事务数占前项 A 发生的事务数的比例，称为关联规则的置信度，它反映了一个关联规则的可信（可以被接受）的程度，用confidence(*A*->*C*)来表示：

$$confidence\ (A\text{->}C) = support\ (AC) / support(A)$$

根据这个公式，置信度实际上就是在前项*A*给定的条件下，后项*C*发生的条件概率，即*P*(*C*|*A*)。

（3）提升度（Lift）

关联规则的置信度confidence(*A*->*C*)与后项*C*的支持度support(*C*)之比，称为关联规则的提升度，用lift(*A*->*C*)来表示：

$$lift\ (A\text{->}C) = confidence\ (A\text{->}C) / support(C)$$

提升度是判定一个规则是否可用的指标，它反映了关联规则中的前项*A*与后项*C*的相关性，表达了包含前项*A*的事务是否比不包含前项*A*的事务更容易包含后项*C*（或者说，是否更容易发生后项*C*），描述了在使用关联规则的条件下事务效果可以提高多少倍。如果提升度大于1，说明本条关联规则是有效的，否则，即使支持度和置信度再高，这条关联规则也是无效的。提升度大于1时，越高表明*A*与*C*的正相关性越高；提升度小于1时，越低表明*A*与*C*的负相关性越高；提升度等于1，则表明*A*与*C*没有相关性。

图1-1可以帮助理解关联规则中的支持度和置信度。

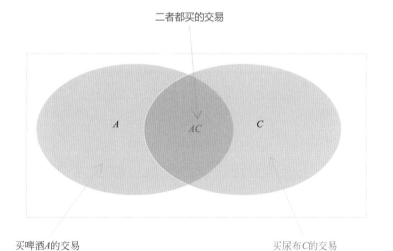

图1-1　关联规则中的支持度和置信度图解

根据概率论知识，我们知道：

$$P(AC) = P(A)P(C|A)$$

因此，一条关联规则的支持度等于其前项的支持度与置信度的乘积。

1.2 关联规则算法简介

关联规则是一种基于规则（rule-based）的无监督机器学习算法，用于发掘给定数据集中变量之间的强规则关系。在关联规则的实现方法中，Apriori算法是最经典的一种算法，其实现逻辑简单明了，容易理解。此外，除了Apriori算法外，还有AprioriTid、FP-Growth、Eclat等算法。从更容易地掌握关联规则模型的角度考虑，本书只对Apriori算法进行描述。

Apriori是由R.Agrawal和R.Srikant两位学者在1994年提出的算法，用于在大规模数据中寻找频繁项集。由于算法使用了频繁项集属性的先验知识（priori），所以命名为Apriori算法。

在实际应用中，我们把大于最小支持度的项集（前项或后项）称为频繁项集，简称频集。把包含$k(k \geqslant 1)$个项的频繁项集用L_k表示。可以断定：频繁项集的任何非空子集一定是一个频繁项集。

在一条有效的关联规则中，前项和后项必须都是频繁项集，必须同时满足最小支持度和最小置信度的阈值，并且提升度要大于1。

下面我们举例说明以上关联规则中的三个重要的概念，并介绍关联规则模型的Apriori算法。

假设我们有表1-1所示的商品交易数据。第一列为交易号（交易ID），第二列为购买的商品名称（这里以A、B等表示）。现在我们假定一条关联规则的最小支持度的阈值为50%，最小置信度的阈值为50%，则根据这些要求，我们推导出表1-2所示的每个频繁项集的支持度数据。

表1-1　商品交易数据

交易ID	购买商品
2000	A, B, C
1000	A, C
4000	A, D
5000	B, E, F

表1-2　每个频繁项集的支持度数据

频繁项集	支持度
$\{A\}$	75%
$\{B\}$	50%
$\{C\}$	50%
$\{A,C\}$	50%

根据这个结果数据，对于频繁项集{A}和{C}来说，规则if{A}then{C}有如下结果：

支持度support=support({A}->{C})=50%

置信度confidence =support/support({A})=50%/75%=66.7%

提升度lift=confidence/support({C})=66.7%/50%=1.334

由于提升度lift大于1，所以，这是一条有效的关联规则。

在关联规则的实现算法中，发现上述规则的步骤如下：

① 找出所有的频繁项集，这些频繁项集的支持度应大于预定义的最小支持度，这个步骤会输出所有的频繁项集，即L_1到L_k的频繁项集，其中k为最大频繁项集的项数；

② 根据找到的频繁项集生成强关系的关联规则，这些关联规则应满足预定义的最小支持度、最小置信度，并且提升度要大于1。

在寻找频繁项集的过程中，Apriori算法使用逐级迭代的搜索方式寻找频繁项集。根据预先定义的最小支持度指标，首先找出所有的1项频繁项集，然后根据1项频繁项集寻找2项频繁项集，从2项频繁项集寻找3项频繁项集，依次类推，直到没有包含更多项的频繁项集。

下面以实际例子说明这个过程。假设我们有表1-3所示的示例数据，我们预设最小支持度和最小置信度的值为50%（阈值）。

表1-3 示例数据

事务	项集
1	A, C, D
2	B, C, E
3	B, E
4	A, B, C, E

在寻找频繁项集的过程中，第一次迭代时，把每一项当作一个候选频繁项集，这里分别是{A}、{B}、{C}、{D}、{E}，根据原始示例数据，计算各自的支持度，并与设定的最小支持度50%进行比较，可以过滤掉支持度小于50%的候选1项频繁项集，这里只有一个{D}不符合要求，过滤掉。这样就可以得到一个1项频繁项集的列表。

在第二次迭代时，根据前一次迭代的选择结果，对1项频繁项集进行组合，生成2项候选频繁项集，这里组合的结果是{A,B}、{A,C}、{A,E}等6个。同样，根据原始示例数据，计算各自的支持度，并与设定的最小支持度50%进行比较，进而过滤掉支持度小于50%的2项候选频繁项集，这里有{A,B}、{A,E}两个不符合要求，过滤掉。选择出2项频繁项集{A,C}、{B,C}、{B,E}、{C,E}。依次类推。

第三次迭代是在第二次迭代结果的基础上进行的，需要注意的是，2项频繁项集的组合会有3项或4项候选频繁项集。例如本次迭代的候选频繁项集就是{A,C,B}、{A,C,B,E}、{B,C,E}。同样，根据原始示例数据，计算各自的支持度，并与设定的最小支持度50%进行比较、过滤，最终得到一个3项频繁项集{B,C,E}。

由于第三次迭代的结果只有一个3项频繁项集，显然无法进行组合生成更多项的候选项了，所以迭代停止，频繁项集生成过程结束。需要读者注意的是，频繁项集中，项个数的最大值为事务数据集中含有的最大项个数，即若事务数据集中事务包含的最大项个数为k，那么最多能生成k个频繁项集。在生成过程中，若得到的频繁项集个数小于2，生成过程也可以结束了。

这样，经过三次迭代，我们得到4个1项频繁项集、4个2项频繁项集和1个3项频繁项集。如图1-2所示。

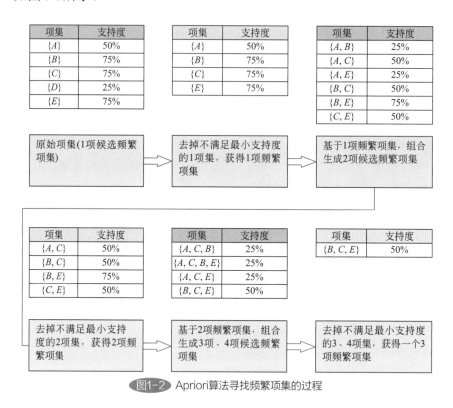

图1-2 Apriori算法寻找频繁项集的过程

在找到所有的频繁项集后，第二个步骤就是生成强关系的关联规则。根据一个频繁项集生成关联规则的方法如下：

对于一个频繁项集L，列出L的所有的非空子集。对于每个子集a，生成如下候选规则：

$$a => (L-a)$$

然后根据预定义的最小支持度和最小置信度值，以及提升度大于1的要求进行判断，过滤掉不符合要求的候选规则。

很显然，1项频繁项集L_1对规则的生成没有意义，因为L_1中的每个频繁项集只有一项，而关联规则至少需要两项（前项和后项）才能生成if{前项}then{后项}这样的关联规则。

在Apriori算法中，由于规则的前项和后项都是频繁项集，所以自然满足最小支持度要求，这里需要计算的是每个规则的置信度和提升度。根据前面的结果和规则生成逻辑，我们需要对4个2项频繁项集 L_2 和1个3项频繁项集 L_3 进行操作即可。表1-4为最终的关联规则结果。

表1-4 关联规则结果

规则	置信度	提升度	是否有效
$\{A\}\Rightarrow\{C\}$	2/2=100%	100%/75%=1.33	是
$\{C\}\Rightarrow\{A\}$	2/3=67%	67%/50%=1.34	是
$\{B\}\Rightarrow\{C\}$	2/3=67%	67%/75%=0.89	否
$\{C\}\Rightarrow\{B\}$	2/3=67%	67%/75%=0.89	否
$\{B\}\Rightarrow\{E\}$	3/3=100%	100%/75%=1.33	是
$\{E\}\Rightarrow\{B\}$	3/3=100%	100%/75%=1.33	是
$\{B,C\}\Rightarrow\{E\}$	2/2=100%	100%/75%=1.33	是
$\{B,E\}\Rightarrow\{C\}$	2/3=67%	67%/75%=0.89	否
$\{C,E\}\Rightarrow\{B\}$	2/2=100%	100%/75%=1.33	是
$\{B\}\Rightarrow\{C,E\}$	2/3=67%	67%/50%=1.34	是
$\{C\}\Rightarrow\{B,E\}$	2/3=67%	67%/75%=0.89	否
$\{E\}\Rightarrow\{B,C\}$	2/3=67%	67%/50%=1.34	是

为了更形象地展示关联规则模型的结果，图1-3给出了一个关联规则模型结果的可视化图形。图中不同的节点是超市中某个在售商品，连线的粗细表示关联的强度。连线越粗，关系越强，如图中"葡萄酒"和"糕点糖果"具有较强的关系，"冻肉""啤酒"和"蔬菜罐头"两两之间的关系也较强。

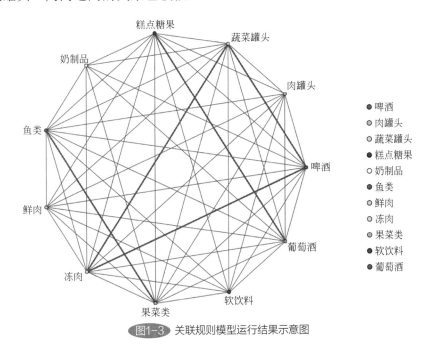

图1-3 关联规则模型运行结果示意图

1.3 关联规则模型元素AssociationModel

在PMML语言中，对于关联规则模型有两个变量：一个是用于将交易记录分组为事务（usageType="group"）的变量；另一个是组成项集的变量（usageType="active"）。

注意：usageType是元素MiningField的用途类别属性，它可以取active、target、predicted、supplementary、group、frequencyWeight和analysisWeight中的一个，详见作者的另一本书《PMML建模标准语言基础》。

一般情况下，一个关联规则模型可以处理两种数据格式：一种是常规数据格式（窄表或纵表），其中的项变量代表某种类别的项（啤酒、尿布等）；另一种是具有true/false值（真/假）的宽表或横表。在这种格式表中，每个项就是一个字段，其中在一条记录中，具有true值的字段才被认为是有效项。

表1-5是常规数据格式（窄表）的例子。这里"常规"的意思是指创建数据库表时，典型的创建字段的方式。

表1-5 常规格式的数据集合样例

序号	TransactionId	Item
1	10001	Water
2	10001	Bread
3	10002	Cracker
4	10002	Coke
5	10002	Bread

在上面这个例子中，有一个分组事务的字段TransactionId，还有一个包含了所有项的item字段。在这个数据集合中，有两个事务：一个事务包括了"Water"+"Bread"；另一个事务包括了"Cracker"+"Coke"+"Bread"。

表1-6是宽表格式和常规分类字段形式的混合数据集合的例子。在这个表中，不仅包括具有true/false格式的数据字段（从Water到Bread，以及Day=Weekday），也包括两个常规分类字段（Area和Day）。

表1-6 混合数据格式的数据集样例

序号	Water	Cracker	Coke	Bread	Area	Day	Day=Weekday
1	false	false	true	true	urban	Monday	true
2	true	false	true	false	rural	Tuesday	true
3	false	true	true	true	urban	Sunday	false
4	false	true	true	true	suburban	Sunday	false
5	false	false	true	true	suburban	Friday	true

在表1-6例子中，"Water""Cracker""Coke""Bread"和"Day=Weekday"等五个字段为true/false字段，而"Area"和"Day"是常规的分类字段。在这种格式的数据集合中，每行代表一个事务，其中值为false的项不参与事务。在这个数据集中，参与事务的项可能是："Water""Cracker""Coke""Bread""Day=Weekday""Area=urban""Area=suburban""Day=Monday"等等。这些项（字段的取值）名称来源于两方面：一方面是具有true/false值的字段名称；另一方面是对常规分类字段的处理，如"Area"和"Day"，处理方式是：字段名称＋"＝"＋字段值，例如："Area=suburban""Day=Monday"。

一个关联规则模型除了包含所有模型通用的模型属性以及子元素MiningSchema、Output、ModelStats、LocalTransformations和ModelVerification等共性部分外，还包括关联规则模型特有的属性和子元素。各种模型共有的内容请参见笔者的另一本书《PMML建模标准语言基础》，这里将主要介绍关联规则模型特有的部分。

以下四点是关联规则特有的内容：

① 关联规则特有的属性（属性numberOfTransactions、maxNumberOfItemsPerTA等等）；

② 项（Item）；

③ 频繁项集（Itemset）；

④ 关联规则集合 AssociationRule 。

在PMML规范中，关联规则模型由元素AssociationModel表达，其在PMML规范中的定义如下：

```
1.  <xs:element name="AssociationModel">
2.    <xs:complexType>
3.     <xs:sequence>
4.       <xs:element ref="Extension" minOccurs="0" maxOccurs="unbounded"/>
5.       <xs:element ref="MiningSchema"/>
6.       <xs:element ref="Output" minOccurs="0"/>
7.       <xs:element ref="ModelStats" minOccurs="0"/>
8.       <xs:element ref="LocalTransformations" minOccurs="0"/>
9.       <xs:element ref="Item" minOccurs="0" maxOccurs="unbounded"/>
10.      <xs:element ref="Itemset" minOccurs="0" maxOccurs="unbounded"/>
11.      <xs:element ref="AssociationRule" minOccurs="0" maxOccurs="unbounded"/>
12.      <xs:element ref="ModelVerification" minOccurs="0"/>
13.      <xs:element ref="Extension" minOccurs="0" maxOccurs="unbounded"/>
14.     </xs:sequence>
15.     <xs:attribute name="modelName" type="xs:string"/>
16.     <xs:attribute name="functionName" type="MINING-FUNCTION" use="required"/>
17.     <xs:attribute name="algorithmName" type="xs:string"/>
```

```
18.        <xs:attribute name="numberOfTransactions" type="INT-NUMBER" use=
"required"/>
19.        <xs:attribute name="maxNumberOfItemsPerTA" type="INT-NUMBER"/>
20.        <xs:attribute name="avgNumberOfItemsPerTA" type="REAL-NUMBER"/>
21.        <xs:attribute name="minimumSupport" type="PROB-NUMBER" use=
"required"/>
22.        <xs:attribute name="minimumConfidence" type="PROB-NUMBER" use=
"required"/>
23.        <xs:attribute name="lengthLimit" type="INT-NUMBER"/>
24.        <xs:attribute name="numberOfItems" type="INT-NUMBER" use=
"required"/>
25.        <xs:attribute name="numberOfItemsets" type="INT-NUMBER" use=
"required"/>
26.        <xs:attribute name="numberOfRules" type="INT-NUMBER" use=
"required"/>
27.        <xs:attribute name="isScorable" type="xs:boolean" default="true"/
28.    </xs:complexType>
29. </xs:element>
```

一个关联规则模型的元素 AssociationModel 可以包含任何数量的频繁项集子元素 Itemset，但是所有的频繁项集子元素 Itemset 必须出现在任何规则子元素 AssociationRule 之前。

1.3.1 模型属性

任何一个模型都可以包含 modelName、functionName、algorithmName 和 isScorable 四个属性，其中属性 functionName 是必选的，其他三个属性是可选的。它们的含义如下。

◇模型名称属性 modelName：可选属性，标识挖掘模型的名称。可以由模型构建者自由定制，甚至是一段描述性的短文本都可以。如果设置了此属性，则它在整个 PMML 文档中必须唯一。

◇算法名称属性 algorithmName：可选属性，在创建模型时使用算法的名称。

◇功能名称属性 functionName：必选属性，指定了模型能够实现的功能的类型。类型为 MINING-FUNCTION。

由于不同挖掘模型实现的功能不同，如有些模型可能用于对数值数据的预测，另外一些可能用于对目标的分类，所以 PMML 规范根据挖掘模型所实现的功能，定义了 7 种类别。每一个挖掘模型必须有一个功能类别，这个类别是通过模型属性 functionName 来指定的。

属性functionName可取枚举类型MINING-FUNCTION中的一个值，其定义如下：

```
1.  <xs:simpleType name="MINING-FUNCTION">
2.   <xs:restriction base="xs:string">
3.     <xs:enumeration value="associationRules"/>
4.     <xs:enumeration value="sequences"/>
5.     <xs:enumeration value="classification"/>
6.     <xs:enumeration value="regression"/>
7.     <xs:enumeration value="clustering"/>
8.     <xs:enumeration value="timeSeries"/>
9.     <xs:enumeration value="mixed"/>
10.   </xs:restriction>
11. </xs:simpleType>
```

对于关联规则来说，属性functionName="associationRules"。

◇isScorable：可选属性，说明一个模型是否可以被正常使用。如果设置为false，则说明这个模型的存在是为了提供描述信息，而不是用于评估新数据。对于任何一个有效的PMML文档来说，即使一个模型的isScorable设置为false，这个模型的所有必要元素和属性也必须存在。本属性的默认值为true。

关联规则模型除了可以具有上面几个所有模型共有的属性外，还具有以下特有的属性：

● 属性numberOfTransactions：输入数据中包含事务的数量；
● 属性maxNumberOfItemsPerTA：输入数据中的最大事务所包含的项数量；
● 属性avgNumberOfItemsPerTA：输入数据中的平均每个事务所包含的项数量；
● 属性minimumSupport：每条规则必须满足的最小相对支持度（support）；
● 属性minimumConfidence：每条规则必须满足的最小置信度（confidence）；
● 属性lengthLimit：一条规则中可以包含的项的最大数量，其目的是用来限制规则的数目；
● 属性numberOfItems：输入数据中互不相同项（item）的个数。如果输入数据中的任何一项被排除在构建的模型之外，则这个数值将大于模型包含的项的个数；
● 属性numberOfItemsets：模型中包含的频繁项集的数量；
● 属性numberOfRules：模型中包含的规则数量。

1.3.2　模型子元素

关联规则模型AssociationModel包含了三个特有的子元素：项元素Item、项集元素Itemset、关联规则元素AssociationRule。

（1）项元素Item

项元素Item表示输入数据中的一个特定项，在PMML规范中的定义如下：

```
1.  <xs:element name="Item">
2.    <xs:complexType>
3.      <xs:sequence>
4.        <xs:element ref="Extension" minOccurs="0" maxOccurs="unbounded"/>
5.      </xs:sequence>
6.      <xs:attribute name="id" type="xs:string" use="required"/>
7.      <xs:attribute name="value" type="xs:string" use="required"/>
8.      <xs:attribute name="field" type="FIELD-NAME"/>
9.      <xs:attribute name="category" type="xs:string"/>
10.     <xs:attribute name="mappedValue" type="xs:string"/>
11.     <xs:attribute name="weight" type="REAL-NUMBER"/>
12.    </xs:complexType>
13.  </xs:element>
```

下面介绍一下项Item的各个属性。

● 属性id：必选属性。一个项的唯一标识符。

● 属性value：必选属性。输入数据中项的值。

● 属性mappedValue：可选属性。属性value对应的一个可做参考信息的值。例如：如果属性value是一个EAN代码（European Article Number，一种产品标识码），则mappedValue可以是产品的名称。不同的Item可以有相同的mappedValue值。

● 属性weight：可选属性。项的权重，例如可以为项的价格或价值。

● 属性field和category：可选属性。这两个属性是从PMML 4.3引入的。通过这两个属性使项item直接指向具体数据，从而消除属性value的单一字符串值带来的歧义。

很显然，项Item的属性id的值必须唯一。实际上，项的属性value也应该是唯一的，或者如果它不是唯一的，则必须可以结合属性field和category来区分不同的项Item。也就是说，在一个关联规则模型中，不能出现属性value、field和category的值全部相同的两个项元素Item。这有点类似于数据库表中的联合主键。

下面我们结合实例，更深入地讲解一下项元素Item的几个属性。请看下面的代码：

```
1.  <Item id="1" value="Water"  field="Item"  category="Water" >
2.  <Item id="2" value="Cracker" field="Cracker" category="true" >
3.  <Item id="3" value="Day=Weekday" field="Day=Weekday" category="true" >
4.  <Item id="4" value="Day=Monday" field="Day" category="Monday" >
```

在这个例子中，第一个项（id="1"）来自表 1-5 中的数据。在这种情况下，字段属性 field 的值根本不会出现在项的属性 value 的值中，这是因为所有项 Item 来自同一个字段 field。所以，属性 value 的内容就是属性 category 的值。如果输入数据是表 1-5 所示格式的数据，则这种项 Item 的表达方式已经足够了。

后面三个项 Item 来自表 1-6 中的数据。其中第二个（id="2"）和第三个（id="3"）表达的是具有 true/false 格式的项 Item。在这种情况下，具有 true 值的字段的名称将是属性 value 的值（有效项），并且取值类别属性 category 的值会被设置为 true。第四个项（id="4"）展示的是项属性 value 的值是由字段属性 field 和取值类别属性 category 组成的，这是数据表 1-5 中常规字段的情形。

注意：如果字段属性 field 的名称包含了等号（"="），那么只考虑属性 value 会产生歧义。例如：上面例子中，第三个项 Item(id="3")，如果事先不知道字段"Day"的值域（可取类别值的范围），我们将无法确定是字段"Day=Weekday"具有一个"true"值呢，还是字段"Day"具有一个值"Weekday"。所以，需要另外一个属性 category 来解决这种歧义。

注意：项元素 item 中通过属性 field 引用的字段必须是已经在元素 MiningSchema 中定义过的，并且具有 usageType="active" 属性。

（2）项集元素 Itemset

项集元素 Itemset 代表了一个项的集合，这里必须是一个频繁项集。它是项元素 Item 的集合，所以它是一个项元素 Item 的序列。在 PMML 规范中，它的定义如下：

```
1.  <xs:element name="Itemset">
2.    <xs:complexType>
3.      <xs:sequence>
4.        <xs:element ref="Extension" minOccurs="0" maxOccurs="unbounded"/>
5.        <xs:element minOccurs="0" maxOccurs="unbounded" ref="ItemRef"/>
6.      </xs:sequence>
7.      <xs:attribute name="id" type="xs:string" use="required"/>
8.      <xs:attribute name="support" type="PROB-NUMBER"/>
9.      <xs:attribute name="numberOfItems" type="xs:nonNegativeInteger"/>
10.   </xs:complexType>
11. </xs:element>
12.
13. <xs:element name="ItemRef">
14.   <xs:complexType>
15.     <xs:sequence>
```

```
16.        <xs:element ref="Extension" minOccurs="0" maxOccurs="unbounded"/>
17.      </xs:sequence>
18.      <xs:attribute name="itemRef" type="xs:string" use="required"/>
19.    </xs:complexType>
20.  </xs:element>
```

在这个定义中，项集元素Itemset实际上是一个项引用元素ItemRef的序列，而ItemRef引用的是前面定义的项元素Item。

项集元素Itemset有以下几个属性。

● 属性id：必选属性。项集Itemset的唯一标识符。
● 属性support：可选属性。项集的支持度。
● 属性numberOfItems：可选属性。本项集中项元素Item的数量。

项元素的引用ItemRef只有一个属性：引用的项属性itemRef。它指向一个项的标识符，即项Item的id属性。

（3）关联规则元素AssociationRule

一个关联规则的形式通常是这样的：

<前项项集>=><后项项集>

在PMML规范中，一个关联规则是通过关联规则元素AssociationRule来表达的。在PMML规范中，定义代码如下：

```
1.  <xs:element name="AssociationRule">
2.    <xs:complexType>
3.      <xs:sequence>
4.        <xs:element ref="Extension" minOccurs="0" maxOccurs="unbounded"/>
5.      </xs:sequence>
6.      <xs:attribute name="antecedent" type="xs:string" use="required"/>
7.      <xs:attribute name="consequent" type="xs:string" use="required"/>
8.      <xs:attribute name="support" type="PROB-NUMBER" use="required"/>
9.      <xs:attribute name="confidence" type="PROB-NUMBER" use="required"/>
10.     <xs:attribute name="lift" type="xs:float" use="optional"/>
11.     <xs:attribute name="leverage" type="xs:float" use="optional"/>
12.     <xs:attribute name="affinity" type="PROB-NUMBER" use="optional"/>
13.     <xs:attribute name="id" type="xs:string" use="optional"/>
14.    </xs:complexType>
15.  </xs:element>
```

元素 AssociationRule 主要是由各个属性组成，包括前项项集 antecedent、后项项集 consequent、支持度 support、置信度 confidence 等等。下面对这些属性做一一介绍。

● 前项属性 antecedent：必选属性。代表一个规则中的前项项集，使用前面定义过的 Itemset 的属性 id 表示。为了后面讲述方便，这里我们用字母 A 表示前项。

● 前项属性 consequent：必选属性。代表一个规则中的后项项集，使用前面定义过的 Itemset 的属性 id 表示。为了后面讲述方便，这里我们用字母 C 表示前项。

● 支持度属性 support：必选属性。本条规则的支持度。

● 置信度属性 confidence：必选属性。本条规则的置信度。

● 提升度属性 lift：可选属性。本条规则的提升度。

● 杠杆率属性 leverage：可选属性。一个具有高频率、低提升度的规则可能要比一个低频率、高提升度的规则更重要，原因在于前者适用于更多的案例上，实用性更强。使用支持度的计算公式如下：

$$leverage(A \rightarrow C) = support(A \rightarrow C) - support(A)support(C)$$

可以看出，leverage 是本条规则的支持度与前项 A 和后项 C 各自独立的支持度之积的差。一条规则的杠杆率 leverage 越大，说明前项 A 和后项 C 关联性越强，规则越有效。

● 相关度属性 affinity：可选属性。此属性又称为 Jaccard（杰卡德）相似性系数。是指同时包含前项 A 和后项 C 的事务数（交集）与包含 A 或 C 的事务数（并集）的比率，使用支持度的计算公式如下：

$$affinity(A \rightarrow C) = \frac{support(A\&C)}{support(A) + support(C) - support(A\&C)}$$

● 属性 id：可选属性。标识本条规则的唯一标识符。

到这里，我们已经把关联规则模型的属性和组成部分讲解完毕，下面请参看一个结构比较完整的例子，请读者对照上面的内容，会更有收获。

实例代码如下：

```
1.  <PMML xmlns="http://www.dmg.org/PMML-4_3" version="4.3">
2.    <Header copyright="www.dmg.org" description="example model for association rules"/>
3.    <DataDictionary numberOfFields="2">
4.      <DataField name="transaction" optype="categorical" dataType="string"/>
5.      <DataField name="item" optype="categorical" dataType="string"/>
6.    </DataDictionary>
7.  <AssociationModel functionName="associationRules" numberOfTransactions="4" numberOfItems="3" minimumSupport="0.6" minimumConfidence="0.5" numberOfItemsets="3" numberOfRules="2">
```

```
8.      <MiningSchema>
9.        <MiningField name="transaction" usageType="group"/>
10.       <MiningField name="item" usageType="active"/>
11.     </MiningSchema>
12.
13.     <Output>
14.     <!-- 这个模型定义了9个输出字段。     -->
15.     <!-- 返回前三个置信度最高的结果（使用"exclusiveRecommendation"） -->
16.     <!-- 对每一条规则，有三个输出字段： -->
17.     <!-- 字段rule:       如 Cracker -> Water -->
18.     <!-- 字段consequent: 如 «Water»              -->
19.     <!-- 字段entityId:   如 1                     -->
20.       <OutputField name="Rule (Highest Confidence)" rankBasis="confidence"
  rank="1" algorithm="exclusiveRecommendation" feature="rule" dataType="string"
optype="categorical"/>
21.       <OutputField name="Recommendation (Highest Confidence)" rankBasis=
"confidence" rank="1" algorithm="exclusiveRecommendation" feature=
"consequent" dataType="string" optype="categorical"/>
22.       <OutputField name="Rule Id (Highest Confidence)" rankBasis="confidence"
  rank="1" algorithm="exclusiveRecommendation" feature="entityId"
  dataType="double" optype="continuous"/>
23.       <OutputField name="Rule (2nd Highest Confidence)" rankBasis="confidence"
  rank="2" algorithm="exclusiveRecommendation" feature="rule"
dataType="string" optype="categorical"/>
24.       <OutputField name="Recommendation (2nd Highest Confidence)"
  rankBasis="confidence" rank="2" algorithm="exclusiveRecommendation" feature=
"consequent" dataType="string" optype="categorical"/>
25.       <OutputField name="Rule Id (2nd Highest Confidence)" rankBasis=
"confidence" rank="2" algorithm="exclusiveRecommendation" feature=
"entityId" dataType="double" optype="continuous"/>
26.       <OutputField name="Rule (3rd Highest Confidence)" rankBasis=
"confidence" rank="3" algorithm="exclusiveRecommendation" feature=
"rule" dataType="string" optype="categorical"/>
27.       <OutputField name="Recommendation (3rd Highest Confidence)"
rankBasis="confidence" rank="3" algorithm="exclusiveRecommendation"
  feature="consequent" dataType="string" optype="categorical"/>
```

```
28.        <OutputField name="Rule Id (3rd Highest Confidence)" rankBasis=
"confidence" rank="3" algorithm="exclusiveRecommendation" feature="entityId"
 dataType="double" optype="continuous"/>

29.      </Output>

30.

31.      <!-- 输入数据中有三个项Item -->

32.      <Item id="1" value="Cracker"/>

33.      <Item id="2" value="Coke"/>

34.      <Item id="3" value="Water"/>

35.

36.      <!-- 以及两个只包含一个项的项集itemset -->

37.

38.      <Itemset id="1" support="1.0" numberOfItems="1">

39.        <ItemRef itemRef="1"/>

40.      </Itemset>

41.

42.      <Itemset id="2" support="1.0" numberOfItems="1">

43.        <ItemRef itemRef="3"/>

44.      </Itemset>

45.

46.      <!-- 和一个包含两个项的项集Itemset -->

47.

48.      <Itemset id="3" support="1.0" numberOfItems="2">

49.        <ItemRef itemRef="1"/>

50.        <ItemRef itemRef="3"/>

51.      </Itemset>

52.

53.      <!-- 最后有两个满足模型设置条件的关联规则 -->

54.

55.      <AssociationRule support="1.0" confidence="1.0" antecedent="1" consequent="2"/>

56.

57.      <AssociationRule support="1.0" confidence="1.0" antecedent="2" consequent="1"/>
```

```
58.
59.    </AssociationModel>
60.  </PMML>
```

1.3.3 评分应用过程

在所有的关联规则生成之后，我们就可以使用它们来对新的数据进行评分了，也就是把挖掘后的规则应用于新的数据（项集）。由于每条规则都有一个支持度和置信度，所以对新数据的评分就有很多方法。例如：我们可以在所有能够覆盖新项集数据的规则中，选择具有最高置信度的规则进行评分。

评分程序以一个关联规则模型和一个项集数据作为输入内容。前面讲过，关联规则模型可以处理两种输入数据类型，所以评分过程中创建项集 Itemset 的方式取决于输入数据的类型。而评分的过程就是基于输出字段 OutputField 的属性 algorithm 指定的算法，确定输入模型中定义的与输入项集数据匹配的所有规则。

关于输出字段 OutputField 的介绍，请参见笔者的另一本书《PMML 建模标准语言基础》。对于关联规则模型，输出字段 OutputField 的属性 algorithm 可取值 recommendation、exclusiveRecommendation、ruleAssociation 中的任何一个。它们的含义如下。

● recommendation：对于一个给定的输入项集，如果一条规则的前项是这个输入项集的子集，则选择这条规则。注意：这种方式会推荐包含在数据项集中的项。

● exclusiveRecommendation：对于一个给定的输入项集，如果一条规则的前项是这个输入项集的子集，而后项不是输入项集的子集，则选择这条规则。注意：如果请求的输出被定义在为所选规则的后项中，那么输出将是整个后项。最终由模型使用者（消费者）决定包含在后项 consequent 中的项是否应该排除在输出之外。

● ruleAssociation：对于一个给定的输入项集，如果一个规则的前项和后项都包含在这个输入项集内（都是其子集），则选择这条规则。

下面我们结合实例，对这三种情况做详细介绍。假设我们现在有一个模型，包含下面五个规则：

✓rule 1: Cracker –> Water
✓rule 2: Water –> Cracker
✓rule 3: Cracker –> Coke
✓rule 4: Cracker AND Water –> Nachos
✓rule 5: Water –> Pear AND Banana

现在把这个模型应用于表 1-7 第一列所示的输入项集中，使用上面所介绍的三种算法，确定哪些规则满足要求。

表1-7 输入项集与输出字段OutputField的属性algorithm取值关系

序号	属性algorithm 输入项集	recommendation	exclusiveRecommendation	ruleAssociation
1	Cracker,Coke	1, 3	1	3
2	Cracker,Water	1, 2, 3, 4, 5	3, 4, 5	1, 2
3	Water,Coke	2, 5	2, 5	null
4	Cracker,Water,Coke	1, 2, 3, 4, 5	4, 5	1, 2, 3
5	Cracker,Water,Banana,Apple	1, 2, 3, 4, 5	3, 4, 5	1, 2

表1-7中，中间单元格的内容是规则序号。

例如：如果我们把"exclusiveRecommendation"选项应用于第三个输入项集"Water,Coke"，则：

➤ 规则2（rule 2）是满足要求的。因为它的前项"Water"是这个输入项集的子集，而后项"Cracker"却不是，所以与"exclusiveRecommendation"的要求匹配；

➤ 规则5（rule 5）和规则2一样，满足要求；

➤ 规则1（rule 1）不是满足要求的规则，因为它的后项"Water"包含在这个输入项集中；

➤ 规则3（rule 3）也不是满足要求的规则，因为它的前项"Cracker"不是这个输入项集的子集；

➤ 规则4（rule 4）也不是满足要求的规则，因为它的前项"Cracker AND Water"不是这个输入项集的子集。

其他单元格中的内容，可以通过以上相同的方式确定，这里不再一一赘述。

在PMML规范的官网上，有关联规则的完整例子。由于例子代码较长，篇幅所限，这里不再一一列举，请读者自行下载研究，下载网址：http://dmg.org/pmml/pmml_examples/index.html。

2 朴素贝叶斯模型 NaiveBayesModel

本章介绍的朴素贝叶斯模型以及下一章将要介绍的贝叶斯网络模型都是以贝叶斯定理（Bayes' theorem）为核心的分类算法。其中贝叶斯定理是以托马斯·贝叶斯命名的描述两个条件概率之间关系的公式，所以贝叶斯定理也称为贝叶斯公式。

托马斯·贝叶斯（Thomas Bayes，1701—1761）是英国统计学家、哲学家，因提出了著名的贝叶斯定理而闻名于世，而贝叶斯定理是各种贝叶斯模型的核心理论基础。图2-1为托马斯·贝叶斯。

图2-1　托马斯·贝叶斯（Thomas Bayes）

2.1　朴素贝叶斯模型基础知识

朴素贝叶斯模型 NB(Naive Bayes) 是一种贝叶斯分类器，属于一种有监督的机器学习算法，可以用来解决各种分类问题。

贝叶斯分类器（Bayes Classifier）是所有以贝叶斯定理为基础的分类算法的总称，其分类原理是通过研究对象的先验概率（Prior Probability），利用贝叶斯公式计算出其后验概率（Posterior Probability），即该对象属于某一类的概率，进而选择具有最大后验概率的类别作为该对象所属的类别。目前研究较多的贝叶斯分类器主要有四种，分别是：

① 朴素贝叶斯模型 NB(Naïve Bayes)；
② 树增强型朴素贝叶斯模型 TAN(Tree Augmented Naïve Bayes)；
③ 贝叶斯网络增强型朴素贝叶斯模型 BAN(Bayesian-network-Augmented Naïve Bayes)；
④ 广义朴素贝叶斯网络 GBN(General Bayesian Network)。

本章要讲述的朴素贝叶斯模型 NB 是贝叶斯分类器中的一种，也是最简单、最常见的一种分类器，它具有简单明了、学习效率高、分类稳定的特点，同时所需估计（训练）的参数较少，对缺失数据不敏感，目前已经在很多领域获得了很好的应用，其效果甚至能够与决策树、神经网络等模型的效果相媲美。

下面首先概要性地讲述与贝叶斯定理关系密切的全概率公式，然后讲述贝叶斯定理的有关内容。

2.1.1 全概率公式

全概率公式是概率论中的一个重要公式，它把一个复杂随机事件 A 的概率求解问题转化为在不同情况 B_i（随机事件）下发生事件 A 的简单概率的求和问题。在全概率公式中涉及一个完备事件组的概念，如图2-2。

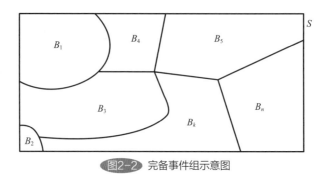

图2-2 完备事件组示意图

在图2-2中，一个样本空间 S 被分割成互不重叠的多个区域（$B_1, B_2, \cdots, B_n$），并且这些区域的和就是整个样本空间，即：

$$S = B_1 \cup B_2 \cup B_3 \cdots \cup B_n = \sum_{i=1}^{n} B_i$$

这样，我们称 B_i 组成了一个完备事件组。

例如，一个人每天上班采用的交通方式是一个随机事件，设这个随机事件的样本空间为 S，他每天去公司时可以采用不同的交通方式：驾驶汽车（B_1）、乘坐公共汽车（B_2）和骑自行车（B_3）。通过对以往上班方式的观察，发现采用这三种方式的概率分别为30％、40％和30％。这就是一个完备事件组（$S=B_1+B_2+B_3$），所以这些概率的总和等于1。

现在我们考虑另外一个随机事件：每天上班迟到 A。这里我们知道采用上述三种交通方式时，上班迟到的可能性分别为10%，35%，5%。假设我们要计算每天上班迟到的概率 $P(A)$，则根据概率加法公式，我们知道每天上班迟到 A 是由这三种情况组成，所以：

$$\begin{aligned} P(A) &= P(A|B_1)P(B_1) + P(A|B_2)P(B_2) + P(A|B_3)P(B_3) \\ &= 0.10*0.3 + 0.35*0.4 + 0.05*0.3 \\ &= 18.5\% \end{aligned}$$

这样，我们就把求解一个复杂事件的概率，转换为了一个相对简单、明了的概率求和问题。对于全概率公式，一般定义为：

如果事件 B_1、B_2、B_3、$\cdots B_n$ 构成一个完备事件组（即它们两两互不相容，总和为全集），并且 $P(B_i)$ 大于 0，则对任一事件 A 有：

$$P(A) = P(A|B_1)P(B_1)+P(A|B_2)P(B_2)+\cdots+P(A|B_n)P(B_n)$$
$$= P(AB_1)+P(AB_2)+\cdots+P(AB_n)$$

即：

$$P(A) = \sum_{i=1}^{n} P(A|B_i)P(B_i) = \sum_{i=1}^{n} P(AB_i)$$

如图 2-3 所示。

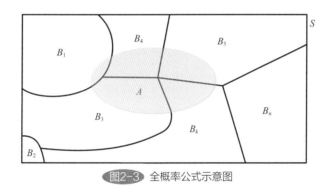

图2-3　全概率公式示意图

2.1.2　贝叶斯定理

一般情况下，在给定事件 B 的情况下，事件 A 发生的概率 $P(A|B)$ 与在给定事件 A 的情况下事件 B 发生的概率 $P(B|A)$ 是不一样的。然而这两者之间是否有一定的关系？如果有关系的话，是一种什么样的关系呢？

在统计学中，$P(A|B)$ 和 $P(B|A)$ 是两种条件概率。其中 $P(A|B)$ 表示在事件 B 为前提条件下的事件 A 发生的概率，而 $P(B|A)$ 则正好相反。本节将要描述的贝叶斯定理就是对这种关系的表达。

贝叶斯定理又被称为贝叶斯法则、贝叶斯公式，是一种概率统计中应用所观察到的现象（最新数据）对有关概率分布的主观判断（即先验概率）进行修正，从而得到新的概率分布（即后验概率）的方法。

根据前面讲述的全概率公式以及概率乘法公式，我们有：

$$P(A)P(B_i|A) = P(AB_i) = P(B_i)P(A|B_i)$$

可以推出：

$$P(B_i|A) = \frac{P(AB_i)}{P(A)} = \frac{P(B_i)P(A|B_i)}{P(A)}$$

也就是：

$$P(B_i|A) = \frac{P(B_i)P(A|B_i)}{P(A)} = \frac{P(B_i)P(A|B_i)}{\sum\limits_{i=1}^{n} P(A|B_i)P(B_i)}$$

上式就是贝叶斯定理，它表示在已知事件 A 的情况下，事件 B_i 的概率。其中：

◇ $P(B_i)$ 是先验概率分布，表示在事件 A（如新的观测数据）发生之前，按照以往经验或历史数据，事件 B_i 发生的概率分布。例如：抛硬币之前，我们认为一枚硬币正反两面出现的概率各为 1/2；

◇ $P(B_i|A)$ 是后验概率分布，表示在事件 A（如新的观测数据）发生之后，事件 B_i 发生的概率分布。表示在经过新的观察，获取新的信息后，重新计算的事件 B_i 的概率。也就是对先验分布 $P(B_i)$ 进行了修正，更接近最新的真实情况；

◇ $P(A|B_i)$ 是似然估计（Likelihood），表示在事件 B_i 的先验概率与后验概率的"似然程度"或者"相似程度"。可以把 B_i 看作某一个结果类别（如正常邮件或垃圾邮件），即在知道某个结果类别 B_i 时，事件 A（新观察的数据）发生的概率，所以它也称为类条件概率，或者类别条件概率；

◇ $P(A)$ 是证据因子（Evidence），在实际操作中，由于事件 A 是已知事实数据，所以 $P(A)$ 通常为固定值，它可以看作为一个权值因子，以保证各个结果类别的后验概率总和为 1，从而满足概率条件。也正因为如此，它也被称为归一化常数或者边缘概率。

所谓的一个事件 B 的"先验概率""后验概率"，是相对于某个事件 A 来说的。如果不考虑事件 A，则其 $P(B)$ 就是先验概率；如果考虑事件 A，则其 $P(B|A)$ 就是后验概率。可以看出，后验概率实际上就是一个条件概率。而贝叶斯定理就是求解这个条件概率的公式，它为利用最新搜集到的信息（数据）对原有判断进行修正提供了有效的手段。

在计算过程中，各种事件，无论是 A 还是 B，都是以收集到的样本数据集来体现的。

2.2 朴素贝叶斯算法简介

2.2.1 朴素贝叶斯算法

前面讲过，朴素贝叶斯算法（NB）是贝叶斯分类器中的一种，具有简单高效、预测稳定的特点，已经在很多领域获得了应用。根据对特征变量概率分布的不同假设，朴素贝叶斯模型可分为高斯朴素贝叶斯模型（Gaussian Naïve Bayes Model）、伯努利朴素贝叶斯模型（Bernoulli Naïve Bayes Model）和多项式朴素贝叶斯模型（Multinomial Naïve Bayes Model）三个类别。

（1）高斯朴素贝叶斯模型

适合研究对象的所有特征（变量）是连续变量，且每个特征变量的概率分布符合高斯分布（正态分布）的情况，如人的身高、体重等。特别的是，对于这种连续型变量的概率分布，也可以假设符合其他分布，如泊松分布（Poisson distribution），则相应地称为泊松朴素贝叶斯模型。

（2）伯努利朴素贝叶斯模型

适合研究对象的所有特征（变量）是分类型变量，且每个特征变量的概率分布符合伯努利分布，即0-1分布的情况。特别适用于特征（变量）取值很稀疏的二元离散值或很稀疏的多元离散值情况，如文档分类问题中某个单词是否出现等。

（3）多项式朴素贝叶斯模型

适合研究对象的所有特征（变量）是分类型（或定序型）变量，且每个特征变量的概率分布符合多项式分布的情况。如文档中某个单词出现的次数（词频）等。

朴素贝叶斯算法是一种有监督学习的概率分类算法。根据贝叶斯定理，我们知道：

$$P(B_i|A) = \frac{P(B_i)P(A|B_i)}{P(A)}$$

在分类问题中，公式中A代表一个新的特征向量（新数据），B_i代表某个分类标签（$i=1 \sim k$，k为类别标签个数）。也就是说，在分类问题中，我们可以计算出每个类别在新特征向量下的条件概率，而最终类别y就是最大条件概率值对应的类别。即：

$$y = arg\ max_{B_i} \frac{P(B_i)P(A|B_i)}{P(A)}$$

设新数据$A=(A_1, A_2, \cdots A_n)$是一个多维特征向量，即A_1、$A_2 \cdots$分别为事件A的属性特征变量。则似然估计（也是一个条件概率）公式$P(A|B_i)$可以展开为：

$$P(A|B_i) = P(A_1|B_i)P(A_2|B_i, A_1)\ P(A_3|B_i, A_1, A_2)\cdots P(A_n|B_i, A_1, A_2\cdots A_{n-1})$$

可以看出，理论上，特征A_1的发生概率是以B_i为前提，特征A_2的发生概率不仅和B_i有关，还与A_1有关。同样，特征A_3的发生同B_i、A_1、A_2有关，依次类推，最后特征A_n的发生概率与B_i及A_1、$A_2\cdots A_{n-1}$都有关。这种情况导致计算各个特征的条件概率特别复杂，并且有时也很难求解。所以，在实际计算过程一般需要对特征变量进行如下简化假设：假设各个特征变量都是类条件独立的，即一个特征变量对给定类别的影响独立于其他特征变量。这也是朴素贝叶斯模型中"朴素"两字的来源。

虽然这种"朴素"的假设与实际情况不一定相符，也可能会对效果有些影响，但是经过实践证明，朴素贝叶斯模型仍然具有较高的准确性和稳定性，特别是在自然语言处理NLP(Natural Language Processing)领域。这也许正应了一句话：最简单的解决方案通常就是最强大的解决方案。

通过假设各个特征变量是类条件独立的，可使似然估计的计算大大简化，上面的公式简化为：

$$P(A|B_i) = P(A_1|B_i)P(A_2|B_i)P(A_3|B_i)\cdots P(A_n|B_i)$$

则最终一个新数据 A 属于的类别（决策函数）将是：

$$y = argmax_{B_i}\frac{P(B_i)P(A|B_i)}{P(A)} = argmax_{B_i}\left(\frac{P(B_i)\prod_{j=1}^{n}P(A_j|B_i)}{\sum_{j=1}^{k}P(B_i)\prod_{i=1}^{n}P(A_i|B_i)}\right)$$

这就是朴素贝叶斯模型的算法公式。

在实际应用过程中，$P(A)$ 往往是一个常数，所以我们只需要计算 $P(B_i)P(A|B_i)$ 即可。也就是说，关键是求解 $P(B_i)\prod\limits_{j=1}^{n}P(A_j|B_i)$ 的值，即事件（类别）的先验概率 $P(B_i)$ 和似然估计 $P(A|B_i)$，这就是朴素贝叶斯模型的训练过程。

2.2.2 朴素贝叶斯模型参数估计

2.2.2.1 拉普拉斯平滑修正

如果某个特征属性 A_j 的某个取值在观察样本（训练集）中没有与某个类别 B_i 同时出现过，这会导致此特征数据 A_j 在类别 B_i 下的条件概率为0，这就是所谓的"零概率问题"。如果不进行处理，零概率问题会导致一个实例（特定值）的条件概率结果是0。例如，在文本分类的问题中，当一个词语没有在观察样本（训练集）中出现时，该词语概率为0，则使用连乘计算一个文本出现概率时就可能为0。

但是，一个词语没有在观察样本（训练集）中出现并不代表这种情况发生的概率为0，实际上可能是训练集不足，尚未被观测到而已。不能因为一个事件没有观察到就武断认为该事件的概率是0，这显然是不合理的。

在似然估计时，通常解决这个问题的方法是进行平滑处理。法国数学家拉普拉斯（Pierre-Simon Laplace）最早提出用加1的方法估计没有出现过的现象的概率，以保证概率不会出现0。所以这种"加1平滑"也称为拉普拉斯平滑修正（Laplace smoothing）。

在具体实现中，不同类型的朴素贝叶斯模型由于特征属性不同，分布概率不同，所以具有不同的先验概率计算、似然估计计算的平滑处理方式。下面我们结合朴素贝叶斯的不同类型对其参数估计过程进行较为详细的描述。

2.2.2.2 模型参数估计

前面讲过，朴素贝叶斯模型可分为高斯朴素贝叶斯模型、伯努利朴素贝叶斯模型和多项式朴素贝叶斯模型三种。

（1）高斯朴素贝叶斯模型

在高斯朴素贝叶斯模型中，特征变量的分布符合高斯分布，也就是正态分布。由于假设各个特征变量之间是独立的，所以在这类模型中，特征变量实际上是由多个独立的单变量正态分布特征组成的，只是每个特征变量有自己的标准方差σ和均值μ而已，其概率密度函数为：

$$f(x) = \frac{1}{\sigma\sqrt{2\pi}} e^{-\frac{(x-\mu)^2}{2\sigma^2}}$$

式中，x可取任意值。

如果是泊松分布，则概率密度函数为：

$$f(x) = \frac{e^{-\lambda} \lambda^x}{x!}$$

这里我们重点介绍高斯分布。

在类别B_i下，特征A_j对应的高斯分布为：

$$P(A_j;x) = N(A_j;\mu_{ji},\sigma_{ji}) = \frac{1}{\sigma_{ji}\sqrt{2\pi}} e^{-\frac{(x-\mu_{ji})^2}{2\sigma_{ji}^2}}$$

式中，x为特征变量A_j的任意一个取值。

这样，贝叶斯定理中的似然估计（即类条件概率）公式为（共有n个特征）：

$$P(A|B_i) = \prod_{j=1}^{n} N(a_j; \mu_{ji},\sigma_{ji})$$

式中，a_j为特征变量A_j的一个取值。

由于高斯分布的密度函数不可能为零，所以这里没有必要进行拉普拉斯平滑处理，但是即使如此，在实际应用中，一般对小于某个阈值（一个较小的值）的概率值设置为阈值大小；否则由于计算的概率值太小，会严重影响模型的精确性。

高斯分布的重点是求特征A_j在类别B_i下的高斯分布参数（μ_{ji}和σ_{ji}）估计，采用的方法是极大似然估计，即：

➤ 均值μ_{ji}估计是在类别B_i中，特征A_j所有取值的平均值；
➤ 方差σ_{ji}估计是在类别B_i中，特征A_j所有取值的方差。

对于类别B_i的先验概率，经过拉普拉斯平滑处理后的计算公式为：

$$P(B_i) = \frac{N_i+1}{N+K}$$

式中，N为训练集总记录数；N_i为类别B_i在整个训练集中出现的记录数；K为事件（目标变量）B的类别总数。

至此，高斯朴素贝叶斯模型所需的参数已经计算完毕，包括类别B_i的先验概率$P(B_i)$、类别B_i下每个特征变量分布的均值μ_{ji}、方差σ_{ji}。剩下的工作就是在已知新数据时，按照贝叶斯公式计算每个类别B_i的后验概率，最终结果选择后验概率最大值对应的类别。

（2）伯努利朴素贝叶斯模型

在伯努利朴素贝叶斯模型中，所有特征变量的分布均符合伯努利分布（Bernoulli Distribution）。伯努利分布又名两点分布或者0-1分布，是一种最简单的离散型概率分布。它是由瑞士科学家雅各布·伯努利（Jakob Bernoulli, 1654—1705）提出来的，所以命名为伯努利分布。

伯努利分布是判断某个事件发生或者未发生的概率，产生具有布尔值（bool）的随机变量，它是一个单次试验只有1（成功）和0（失败）两个结果的离散分布。通常我们把这种只有两种可能结果的试验称为伯努利试验（Bernoulli trial）。如抛掷一枚硬币，结果为正或反；从一副纸牌中拿出一张牌，结果是黑色或者是红色；医生接生一个婴儿，婴儿的性别是男孩或者是女孩；一个学生是否来教室上课，结果是来或者没来，等等。

如果一个随机变量符合参数为$p（0<p<1$）的伯努利分布，说明它分别以概率p和（$1-p$）取1和0为值。概率公式为：

$$P(X=x)=B(1,p)=p^x(1-p)^{1-x}=px+(1-p)(1-x)$$

式中，x只能取0或者1。

由于假设各个特征变量之间是独立的，所以在这类模型中，特征变量实际上是由多个独立的单变量伯努利分布组成的，只是每个特征变量有自己的参数p（特征取值为1的概率）而已。

在类别B_i下，特征A_j对应的伯努利分布为：

$$P(A_j;X=x)=B(A_j;1,p_{ji})=p_{ji}^x(1-p_{ji})^{1-x}=p_{ji}x+(1-p_{ji})(1-x)$$

式中，p_{ji}是在类别B_i下，特征变量A_j取值为1的概率。

这样，贝叶斯定理中的似然估计（即类条件概率）公式为（共有n个特征）：

$$P(A|B_i)=\prod_{j=1}^{n}B(a_j;1,p_{ji})$$

式中，a_j为特征变量A_j的一个取值（0或者1）。

所以，这类模型的重点是求解特征A_j在类别B_i下的概率$B(a_j;1,p_{ji})$。（这里无需求解伯努利分布参数P_{ji}）。采用的方法依然是极大似然估计，经过拉普拉斯平滑处理后的公式为：

$$B(a_j;1,p_{ji})=\frac{N_{ji}+1}{N_i+s_j}$$

式中，N_{ji}是在类别为B_i的训练集合中（一个子集），特征A_j取值为a_j的记录数；N_i为类别B_i在整个训练集中出现的记录数；S_j为第j个特征A_j取不同值的个数。这里$S_j=2$。

对于类别B_i的先验概率求解，与高斯朴素贝叶斯模型中的求解类似，所以经过拉普拉斯平滑处理后的计算公式为：

$$P(B_i)=\frac{N_i+1}{N+K}$$

式中，N为训练集总记录数；N_i为类别B_i在整个训练集中出现的记录数；K为事件（目标变量）B的类别总数。

至此，伯努利朴素贝叶斯模型所需的参数已经计算完毕，包括类别B_i的先验概率$P(B_i)$、类别B_i下每个特征变量取值为1的概率p_{ji}。剩下的工作就是在已知新数据时，按照贝叶斯公式计算每个类别B_i的后验概率，并选择后验概率最大值对应的类别。

下面我们以"垃圾邮件判别"来说明伯努利朴素贝叶斯模型的使用过程。

垃圾邮件判定实质上就是把邮件分类两类：一类是来往的正常邮件；一类是垃圾邮件。为了判断一个新的邮件属于哪一个类别，我们使用伯努利朴素贝叶斯模型来进行判断。

第一步，我们需要有一个完整词典，词典中包括所有邮件中可能出现的词（特征集合），这里每一个"词"代表一个特征变量。比如词典中包括了10万个词语。并按照一定的顺序（如汉语拼音的顺序）排序，这样可以保证每个词（特征）在字典中有其固定的序号（索引号）。

第二步，对于获得的每个训练邮件（已经标注过是否为垃圾邮件），首先进行分词，然后用长度等于词典长度的向量表示。

很显然，这就是把每个词当作一个特征变量。如果一个邮件中出现了某个词（不计出现次数），则该词在此向量中对应词典中的索引位置的分量值为1，否则为0。例如，一个邮件包含的内容是："五一放假通知：按照国家规定，五一放假三天，请各位做好工作安排。"经过分词后的结果（词语之间以空格分割，省略标点符号）为："五一 放假 通知 按照 国家 规定 五一 放假 三天 请 各位 做好 工作 安排"

则按照词典顺序生成的向量X表示如下：

$$
X=\begin{bmatrix} 0 \\ \vdots \\ 1 \\ 1 \\ 1 \\ 0 \\ \vdots \\ 1 \\ 1 \\ 0 \\ \vdots \\ 1 \\ 1 \\ 0 \end{bmatrix}
\begin{matrix} \\ \\ \text{按照} \\ \text{国家} \\ \text{规定} \\ \\ \vdots \\ \\ \\ \\ \\ \text{五一} \\ \text{做好} \\ \end{matrix}
$$

这个向量的维度数就是第一步创建的词典的长度，即是一个10万维的向量。

第三步，按照伯努利朴素贝叶斯模型的参数估计方法，分别计算正常邮件、垃圾邮件的先验概率P（正常邮件）、P（垃圾邮件），以及两种类别下每个词（即每个特征变量）的似然估计。按照模型参数估计公式（考虑拉普拉斯平滑修正）。

先验概率计算公式：

$$P(正常邮件) = \frac{训练集中正常邮件数目+1}{训练集邮件总数目+2}$$

$$P(垃圾邮件) = \frac{训练集中垃圾邮件数目+1}{训练集邮件总数目+2}$$

每个词（特征变量）的似然估计公式（以词"五一"为例）：

$$p_{11} = P(五一|正常邮件) = \frac{"五一"出现在正常邮件集中的邮件数目+1}{训练集中正常邮件数目+2}$$

则词语"五一"在正常邮件类别中不出现的概率为：$p_{01}=1-p_{11}$。

$$p_{10} = P(五一|垃圾邮件) = \frac{"五一"出现在垃圾邮件集中的邮件数目+1}{训练集中垃圾邮件数目+2}$$

则词语"五一"在垃圾邮件类别中不出现的概率为：$p_{00}=1-p_{10}$。

其他词语的似然估计依次类推。

这样我们就得到了每个词（特征变量）在"正常邮件""垃圾邮件"两个类别下的似然估计。至此，模型的训练过程就结束了。

第四步，根据第三步计算的结果，对新邮件进行分类。

现在我们收到一个新的邮件，要求判断新邮件是否为垃圾邮件。

首先对新邮件的内容进行分词，结合训练模型时的词典，按照词典顺序生成一个具有词典长度的向量（这里为10万）。其中一个词出现了，则在此向量中对应词典中的索引位置的分量值为1，否则为0。然后进行后验概率的计算，并根据后验概率的大小，判断新邮件是属于正常邮件还是垃圾邮件。

$$p_1 = P(正常邮件|新邮件内容向量) = P(正常邮件)\prod_{i=1}^{100000} P(A_i|正常邮件)$$

$$p_0 = P(垃圾邮件|新邮件内容向量) = P(垃圾邮件)\prod_{i=1}^{100000} P(A_i|垃圾邮件)$$

其中，A_i 为词典中的一个词（特征变量）。根据这个词是否出现在新邮件中，使用不同的似然估计值（概率值）。最后如果 $p_1 > p_0$，则认为新邮件为正常邮件；反之，则为垃圾邮件。

在实际计算过程中，为了计算方便，可对上式两边求对数，则右边的连乘积变成相加，不仅可以使计算简便，也能消除大量浮点数连乘造成的"精度溢出"的问题。

（3）多项式朴素贝叶斯模型

在多项式朴素贝叶斯模型中，各个特征变量的分布符合多项式分布（Multinomial Distribution）。这里先简要说明一下什么是多项式分布。

多项式分布是二项式分布的扩展。我们知道，二项式分布是 n 重（次）伯努利试验中结果为1（成功）的次数的离散概率分布。一个典型的例子就是扔硬币，假定硬币正面朝上的概率为p，那么在重复扔n次硬币中，正面朝上是k次的概率即为一个二项式分布。其概率公式为：

$$P(X=k)=B(n,p)=C_n^k p^k (1-p)^{n-k},\ k=0,1,2\cdots n$$

其中，n为伯努利试验次数；k为n次试验中结果为1（成功）的次数；p为结果取值为1（成功）的概率。

可见，上面讲过的伯努利分布是二项分布在$n=1$时的特例（即只有一次试验）。

在二项式分布$B(n,p)$中，每次试验的结果只有两种（1或0）。如果每次试验的可能结果有m种：r_1、$r_2\cdots r_m$，分别将它们的出现次数记为随机变量X_1、$X_2\cdots X_m$，它们出现的概率分别为p_1、$p_2\cdots p_m$。那么在n次这种试验的结果中，X_1出现n_1次，X_2出现n_2次，$\cdots$ X_m出现n_m次的事件的概率分布就是多项式分布。

多项式分布的概率公式为：

$$P(X_1=n_1, X_2=n_2, \cdots, X_m=n_m)=P[N(n:p_1, p_2, \cdots, p_m)]$$
$$=\frac{n!}{n_1! n_2! \cdots n_m!}\ p_1^{n_1}\ p_2^{n_2} \cdots p_m^{n_m}=n! \prod_{i=1}^{m}\frac{p_i^{n_i}}{n_i!}$$

式中，$p_i \geq 0(1 \leq i \leq n)$，$p_1+p_2+\cdots+p_m=1$，$n_1+n_2+\cdots+n_m=n$。

所以，多项式分布是二项式分布的扩展，即把二项式分布公式推广至多种状态（可能的结果），就得到了多项式分布。

由于假设各个特征变量之间是独立的，所以在这类模型中，特征变量实际上是由多个独立的单变量多项式分布特征组成的，只是每个特征变量有自己的参数p_1、$p_2\cdots p_m$（对应着各种可能的试验结果）而已。

对于在类别B_i下，特征A_j对应的多项式分布为：

$$P(A_j; X_1, X_2, \cdots, X_m)=P[N(A_j; n, p_{j1}, p_{j2}, \cdots, p_{jm})=n! \prod_{i=1}^{m}\frac{p_{ji}^{n_i}}{n_i!}$$

其中，p_{ji}是在类别B_i下，特征变量A_j取值为1的概率。

这样，多项式朴素贝叶斯定理中的似然估计（即类条件概率）公式为（共有n个特征）：

$$P(A|B_i)=\prod_{i=1}^{n}P[N(a_j; n, p_{j1}, p_{j2}, \cdots, p_{jm})$$

式中，a_j为特征变量A_j的一个取值。

所以，这类模型的重点是求解特征A_j在类别B_i下的概率$P[N(a_j;n,p_{j1},p_{j2}, \cdots, p_{jm})]$。采用的方法依然是极大似然估计，经过拉普拉斯平滑处理后的公式为：

$$P[N(a_j; n, p_{j1}, p_{j2}, \cdots, p_{jm})]=\frac{N_{ji}+1}{N_i+S}$$

式中，N_{ji}是在类别B_i的训练集中a_j出现的样本个数（这和上面介绍的伯努利分布不同）；N_i 为类别 B_i 下的样本个数；S 为特征的维数，即特征总数。

对于类别 B_i 的先验概率求解与上面伯努利朴素贝叶斯模型类似，所以经过拉普拉斯平滑处理后的计算公式为：

$$P(B_i) = \frac{N_i + 1}{N + K}$$

式中，N 为训练集总记录数；N_i 为类别 B_i 在整个训练集中出现的记录数；K 为事件（目标变量）B 的类别总数。

至此，多项式朴素贝叶斯模型所需的参数已经计算完毕，包括类别 B_i 的先验概率 $P(B_i)$、类别 B_i 下每个特征变量条件概率。剩下的工作就是在已知新数据时，按照贝叶斯公式计算每个类别 B_i 的后验概率，并选择后验概率最大值对应的类别。

在邮件分类场景中，与伯努利朴素贝叶斯模型相比，多项式朴素贝叶斯模型改变了实例特征向量的表示方法：在伯努利模型中，特征向量的每个分量代表着词典中的一个词语是否出现过，其取值范围为 {0,1}，故特征向量的长度为词典的大小；而在多项式模型中，特征向量中的每个分量同样代表着词典中的一个词（允许重复出现），但是特征向量的长度为邮件内容中词语的数量，而不是词典的长度。

下面我们以"文本分类"（类似于邮件分类）来说明多项式朴素贝叶斯模型的原理。在这个例子中，我们要判断一句话表达的内容是不是属于"体育（Sports）"类别。已知训练数据如表2-1所示。

表2-1　多项式朴素贝叶斯模型训练数据

序号	语句	类别
1	"A great game"	Sports
2	"The election was over"	Not sports
3	"Very clean match"	Sports
4	"A clean but forgettable game"	Sports
5	"It was a close election"	Not sports

我们的问题是：根据以上训练数据，一个新句子"A very close close game"是属于"Sports"还是"Not sports"？

根据以上多项式朴素贝叶斯模型的理论，需要计算 $P($Sports$|$A very close close game$)$ 和 $P($Not Sports$|$A very close close game$)$ 的概率。

对照前面的贝叶斯公式，就是相当于：

$$A = \text{"A very close close game"}$$
$$B_1 = \text{"Sports"}$$
$$B_2 = \text{"Not sports"}$$

也就是计算 $P(B_1|A)$ 和 $P(B_2|A)$ 的概率，选择其中最大值对应的类别。那我们如何计算这些概率呢？

为了能够确定模型能够处理的特征，需要进行分词（这是问题属于自然语言处理的范畴，请读者自行参考有关分词的内容）。为了简便，这里我们从简处理（忽略大小写、每个单词都是一个特征）。

第一步，计算每个类别，即 B_1（"Sports"）、B_2（"Not sports"）的先验概率 $P(B_1)$、$P(B_2)$。这里类别总数 $K=2$，所以先验概率的值为：

$$P(B_1)=\frac{3+1}{5+2}=\frac{4}{7}，P(B_2)=\frac{2+1}{5+2}=\frac{3}{7}$$

第二步，计算各个特征的条件概率。这里我们只需要计算"A very close close game"这个新文本中包含的"A""very""close""game"等四个特征的条件概率即可，因为特征向量将会有这四个特征组成的一个五维向量（A,very,close,close,game）。

根据上面的训练数据，我们知道，训练数据中独立的单词数量为14，在"Sports"类别中总共有11个单词（包括重复），在"Not sports"类别中总共有9个单词（包括重复）。这样可以得出表2-2所示的概率数据。

表2-2 样本数据中的特征的类别概率值

特征	P（特征｜Sports）	P（特征｜Not sports）
A	$\frac{2+1}{11+14}=\frac{3}{25}$	$\frac{1+1}{9+14}=\frac{2}{23}$
very	$\frac{1+1}{11+14}=\frac{2}{25}$	$\frac{0+1}{9+14}=\frac{1}{23}$
close	$\frac{0+1}{11+14}=\frac{1}{25}$	$\frac{1+1}{9+14}=\frac{2}{23}$
game	$\frac{2+1}{11+14}=\frac{3}{25}$	$\frac{0+1}{9+14}=\frac{1}{23}$

第三步，根据上面的计算结果，分别计算"Sports"和"Not sports"类别的后验概率的相对大小，因为 $P($"A very close close game"$)$ 无需计算。

$P($Sports｜"A very close close game"$)$ 的值为：

$P(A|\text{Sports})\times P(\text{very}|\text{Sports})\times P(\text{close}|\text{Sports})\times P(\text{close}|\text{Sports})\times P(\text{game}|\text{Sports})\times P(\text{Sports})$

$$=\frac{3}{25}\times\frac{2}{25}\times\frac{1}{25}\times\frac{1}{25}\times\frac{3}{25}\times\frac{4}{25}=1.05\times10^{-6}$$

$P($Not sports｜"A very close close game"$)$ 的值为：

$P(A|\text{Not sports})\times P(\text{very}|\text{Not sports})\times P(\text{close}|\text{Not sports})\times P(\text{close}|\text{Not sports})$
$\times P(\text{game}|\text{Not sports})\times P(\text{Not sports})$

$$=\frac{2}{23}\times\frac{1}{23}\times\frac{2}{23}\times\frac{2}{23}\times\frac{1}{23}\times\frac{3}{23}=0.53\times10^{-6}$$

第四步，根据计算结果，做出判定。根据第三步的计算结果可知，$P($Sports｜"A very close close game"$)$ 的值大于 $P($Not sports｜"A very close close game"$)$ 的值，所以可以判断，新句子"A very close close game"是属于"Sports"这个类别。

同伯努利朴素贝叶斯模型一样，在实际计算过程中，可对上面计算公式求对数，则连乘积变成相加，这样不仅可以使计算简便，也能消除大量浮点数连乘造成的"精度溢出"的问题。

2.3　朴素贝叶斯模型元素NaiveBayesModel

根据前面的讲述，我们知道：朴素贝叶斯模型目标变量必须是离散型的。本质上，一个朴素贝叶斯模型定义了一组矩阵，其中对于一个离散输入变量（字段），矩阵表示的是输入变量与目标变量的联合分布中的频率计数；对于一个连续型输入变量（字段），矩阵表达的是输入变量与目标变量的联合分布中的分布参数。我们假设连续变量服从高斯分布（正态分布），则联合分布参数就是指相应的平均值和标准方差。如表2-3所示。

表2-3　输入变量与目标变量联合分布对应的计数矩阵

输入变量		目标变量			
		t1	t2	t3	…
		count[t1]	count[t2]	count[t3]	…
离散输入变量1	i11	count[i11,t1]	count[i11,t2]	count[i11,t3]	…
	i12	count[i12,t1]	count[i12,t2]	count[i12,t3]	…
	…	…	…	…	…
离散输入变量2	i21	count[i21,t1]	count[i21,t2]	count[i21,t3]	…
	i22	count[i22,t1]	count[i22,t2]	count[i22,t3]	…
	i23	count[i23,t1]	count[i23,t2]	count[i23,t3]	…
	…	…	…	…	…
连续变量3	i3	mean[i3,t1] variance[i3,t1]	mean[i3,t2] variance[i3,t2]	mean[i3,t3] variance[i3,t3]	…

注：count[]表示计数；mean[]表示平均值；variance[]表示方差。

一个朴素贝叶斯模型除了包含所有模型通用的模型属性以及子元素MiningSchema、Output、ModelStats、LocalTransformations和ModelVerification等共性部分外，还包括朴素贝叶斯模型特有的属性和子元素。各种模型共性的内容请参见笔者的另一本书《PMML建模标准语言基础》，这里将主要介绍朴素贝叶斯模型特有的部分。

以下几点是朴素贝叶斯模型特有的内容：

① 模型特有的属性（阈值属性threshold）；

② 贝叶斯输入集元素BayesInputs；

③ 贝叶斯输出元素 BayesOutput。

在 PMML 规范中，朴素贝叶斯模型由元素 NaiveBayesModel 表达，其在 PMML 规范中的定义如下：

```
1.  <xs:element name="NaiveBayesModel">
2.    <xs:complexType>
3.      <xs:sequence>
4.        <xs:element ref="Extension" minOccurs="0" maxOccurs="unbounded" />
5.        <xs:element ref="MiningSchema" />
6.        <xs:element ref="Output" minOccurs="0" />
7.        <xs:element ref="ModelStats" minOccurs="0" />
8.        <xs:element ref="ModelExplanation" minOccurs="0" />
9.        <xs:element ref="Targets" minOccurs="0" />
10.       <xs:element ref="LocalTransformations" minOccurs="0" />
11.       <xs:element ref="BayesInputs" />
12.       <xs:element ref="BayesOutput" />
13.       <xs:element ref="ModelVerification" minOccurs="0" />
14.       <xs:element ref="Extension" minOccurs="0" maxOccurs="unbounded" />
15.     </xs:sequence>
16.     <xs:attribute name="modelName" type="xs:string" />
17.     <xs:attribute name="threshold" type="REAL-NUMBER" use="required" />
18.     <xs:attribute name="functionName" type="MINING-FUNCTION" use="required" />
19.     <xs:attribute name="algorithmName" type="xs:string" />
20.     <xs:attribute name="isScorable" type="xs:boolean" default="true" />
21.   </xs:complexType>
22. </xs:element>
```

从上面的定义可以看出，朴素贝叶斯模型元素 NaiveBayesModel 特有的子元素包含贝叶斯输入集元素 BayesInputs 和贝叶斯输出元素 BayesOutput。因为这两个子元素的属性 minOccurs 和 maxOccurs 都取默认值（默认值都为 1），而属性 use 也使用默认值（默认值为 optional，即可选的）。所以一个朴素贝叶斯模型将至少包含一个 BayesInputs 和一个 BayesOutput。

朴素贝叶斯模型元素 NaiveBayesModel 特有的属性是 threshold。下面我们重点讲述这些特有的元素和属性。

2.3.1 模型属性

任何一个模型都可以包含modelName、functionName、algorithmName和isScorable四个属性，其中属性functionName是必选的，其他三个属性是可选的。它们的含义请参考第一章关联规则模型的相应部分，此处不再赘述。

对于朴素贝叶斯模型来说，属性functionName="classification"。

朴素贝叶斯模型除了可以具有上面几个所有模型共有的属性外，还具有一个特有的属性：阈值属性threshold。

在本章前面介绍贝叶斯模型的时候，对于"零概率问题"的处理方式是采用拉普拉斯平滑修正。在PMML中处理的方式是，采用一个非常小的阈值来代替可能出现的零概率，这个阈值是通过属性threshold来设置的。

对于离散型特征变量，如果某个特征属性的某个取值在观察样本（训练集）中没有与某个类别同时出现过时（此时其条件概率为零），则以属性threshold值代替这个零条件概率。

对于连续型特征变量，如果一个根据概率密度函数计算的概率值小于属性threshold的值时，同样以属性threshold值代替。

可见，在PMML规范中，对于"零概率问题"的处理方式与本章前面讲述的拉普拉斯平滑修正是不同的，但是这不会影响朴素贝叶斯模型的性能和准确性。

2.3.2 模型子元素

朴素贝叶斯模型NaiveBayesModel包含了两个特有的子元素：贝叶斯输入集元素BayesInputs和一个贝叶斯输出元素BayesOutput。

（1）贝叶斯输入集元素BayesInputs：

贝叶斯输入集元素BayesInputs是输入子元素BayesInput的集合，而子元素BayesInput则表示一个输入特征变量与目标变量相关的统计信息。

在PMML规范中，输入集元素BayesInputs的定义如下

```
1.  <xs:element name="BayesInputs">
2.    <xs:complexType>
3.      <xs:sequence>
4.        <xs:element ref="Extension" minOccurs="0" maxOccurs="unbounded" />
5.        <xs:element ref="BayesInput" maxOccurs="unbounded" />
6.      </xs:sequence>
7.    </xs:complexType>
8.  </xs:element>
```

可以看出，它是由一个或多个贝叶斯输入元素 BayesInput 组成的集合。在 PMML 规范中，输入元素 BayesInput 的定义如下：

```
1.   <xs:element name="BayesInput">
2.     <xs:complexType>
3.       <xs:sequence>
4.         <xs:element ref="Extension" minOccurs="0" maxOccurs="unbounded" />
5.         <xs:choice>
6.           <xs:element ref="TargetValueStats" minOccurs="1" maxOccurs="1" />
7.           <xs:sequence>
8.             <xs:element ref="DerivedField" minOccurs="0" maxOccurs="1" />
9.             <xs:element ref="PairCounts" minOccurs="1" maxOccurs="unbounded" />
10.          </xs:sequence>
11.        </xs:choice>
12.      </xs:sequence>
13.      <xs:attribute name="fieldName" type="xs:string" use="required" />
14.    </xs:complexType>
15.  </xs:element>
```

从这个定义可以看出，一个输入元素 BayesInput 或者包含一个目标变量值统计信息集元素 TargetValueStats（对连续型特征变量），或者包含一个或多个值对计数元素 PairCounts 以及一个可选的派生字段元素 DerivedField（对离散型特征变量）。并且元素 DerivedField 只能与 PairCounts 一起使用。派生字段元素 DerivedField 用来定义新字段的转换，是一个用来实现各种转换功能的通用元素。在输入元素 BayesInput 中派生字段元素 DerivedField 可用于定义连续值如何转换为离散区间（使用 DerivedField 实现离散化，在这里只能调用 DerivedField 的 Discretize 映射）。关于元素 DerivedField 的具体描述请参考作者的另一本书《PMML 建模标准语言基础》。

输入元素 BayesInput 还有一个必选属性 fieldName，它指定了一个输入特征变量的名称。对于一个连续型输入特征变量，输入元素 BayesInput 将包含目标变量值统计信息集子元素 TargetValueStats，这个子元素包含了一个特征变量在目标变量的每个取值情况下的概率分布信息；而对于一个离散型输入特征变量，输入元素 BayesInput 将包含一个或多个计数元素 PairCounts，它包含了一个特征变量的某个取值与目标变量的某个取值同时出现（存在）时的频率计数。

我们先看一下目标变量值统计信息集元素 TargetValueStats 在 PMML 中的定义：

```
1.  <xs:element name="TargetValueStats">
2.    <xs:complexType>
3.      <xs:sequence>
4.        <xs:element ref="Extension" minOccurs="0" maxOccurs="unbounded" />
5.        <xs:element ref="TargetValueStat" maxOccurs="unbounded" />
6.      </xs:sequence>
7.    </xs:complexType>
8.  </xs:element>
9.
10. <xs:element name="TargetValueStat">
11.   <xs:complexType>
12.     <xs:sequence>
13.       <xs:element ref="Extension" minOccurs="0" maxOccurs="unbounded" />
14.       <xs:group ref="CONTINUOUS-DISTRIBUTION-TYPES" minOccurs="1" />
15.     </xs:sequence>
16.     <xs:attribute name="value" type="xs:string" use="required" />
17.   </xs:complexType>
18. </xs:element>
```

可以看出，目标变量值统计信息集元素 TargetValueStats 是有一系列目标变量值统计信息子元素 TargetValueStat 组成的，而子元素 TargetValueStat 是由一个元素 CONTINUOUS-DISTRIBUTION-TYPES 类型的子元素和一个属性 value 组成的。其中属性 value 表示一个目标变量（类别标签）的一个取值。

元素 CONTINUOUS-DISTRIBUTION-TYPES 是一个包含高斯分布、泊松分布等的一个组元素，它在 PMML 规范中的定义如下：

```
1.  <xs:group name="CONTINUOUS-DISTRIBUTION-TYPES">
2.    <xs:sequence>
3.      <xs:choice>
4.        <xs:element ref="AnyDistribution"/>
5.        <xs:element ref="GaussianDistribution"/>
6.        <xs:element ref="PoissonDistribution"/>
7.        <xs:element ref="UniformDistribution"/>
8.      </xs:choice>
9.      <xs:element ref="Extension" minOccurs="0" maxOccurs="unbounded"/>
```

```
10.      </xs:sequence>
11.  </xs:group>
```

在朴素贝叶斯模型中，我们通常取GaussianDistribution（高斯分布）或PoissonDistribution（泊松分布）。关于这个元素的说明，我们会在后面的基线模型中给予详细的说明，这里只给出高斯分布元素GaussianDistribution的定义，因为在后面的例子中我们将会用到。

元素GaussianDistribution在PMML规范中的定义代码如下：

```
1.  <xs:element name="GaussianDistribution">
2.    <xs:complexType>
3.      <xs:sequence>
4.        <xs:element ref="Extension" minOccurs="0" maxOccurs="unbounded"/>
5.      </xs:sequence>
6.      <xs:attribute name="mean" type="REAL-NUMBER" use="required"/>
7.      <xs:attribute name="variance" type="REAL-NUMBER" use="required"/>
8.    </xs:complexType>
9.  </xs:element>
```

可见，高斯分布元素GaussianDistribution主要包括两个必选的属性：均值属性mean和方差属性variance。这正是高斯分布（即正态分布）的参数。这个元素将表示在目标变量取某个值（类别标签）时的高斯分布参数信息。

讲完连续型特征变量的基于目标变量值的统计信息集元素TargetValueStats之后，我们再看一下对于离散型输入变量下的值对计数元素PairCounts。

对于每一个离散型特征变量A_i每一个取值A_{ij}，与目标变量B的每一个取值B_k（类别标签）同时出现（存在）时的频率计数，使用值对计数元素PairCounts来表示。

元素PairCounts在PMML规范中的定义如下：

```
1.  <xs:element name="PairCounts">
2.    <xs:complexType>
3.      <xs:sequence>
4.        <xs:element ref="Extension" minOccurs="0" maxOccurs="unbounded" />
5.        <xs:element ref="TargetValueCounts" />
6.      </xs:sequence>
7.      <xs:attribute name="value" type="xs:string" use="required" />
8.    </xs:complexType>
9.  </xs:element>
```

可以看出，值对计数元素PairCounts有一个目标值计数集元素TargetValueCounts和一个必选值属性value组成。其中值属性value指定了输入元素BayesInput指定的输入特征变量的一个取值，而目标值计数集元素TargetValueCounts则表示基于给定属性value值时，在不同目标值情况下的频率计数。它是由一系列的目标值计数子元素TargetValueCount组成，这两个元素的定义如下：

```
1.  <xs:element name="TargetValueCounts">
2.    <xs:complexType>
3.      <xs:sequence>
4.        <xs:element ref="Extension" minOccurs="0" maxOccurs="unbounded" />
5.        <xs:element ref="TargetValueCount" maxOccurs="unbounded" />
6.      </xs:sequence>
7.    </xs:complexType>
8.  </xs:element>
9.
10. <xs:element name="TargetValueCount">
11.   <xs:complexType>
12.     <xs:sequence>
13.       <xs:element ref="Extension" minOccurs="0" maxOccurs="unbounded" />
14.     </xs:sequence>
15.     <xs:attribute name="value" type="xs:string" use="required" />
16.     <xs:attribute name="count" type="REAL-NUMBER" use="required" />
17.   </xs:complexType>
18. </xs:element>
```

从上面的定义可以看出，目标值计数元素TargetValueCount主要也是由属性value和属性count组成。其中属性value代表了一个目标变量（类别标签）的取值，而属性count则代表了在本元素属性value值和值对计数元素PairCounts属性value值同时出现时的统计频率计数，其实就是相当于似然估计。我们会在后面的例子中给予直观显示。

（2）贝叶斯输出元素BayesOutput

贝叶斯输出元素BayesOutput包含了目标变量取不同值（类别标签）时的频率计数，其实就是相当于先验概率分布。

贝叶斯输出元素BayesOutput在PMML规范中的定义代码如下：

```
1.  <xs:element name="BayesOutput">
2.    <xs:complexType>
3.     <xs:sequence>
4.       <xs:element ref="Extension" minOccurs="0" maxOccurs="unbounded" />
5.       <xs:element ref="TargetValueCounts" />
6.     </xs:sequence>
7.     <xs:attribute name="fieldName" type="xs:string" use="required" />
8.    </xs:complexType>
9.  </xs:element>
```

在这个定义中，主要包含了一个目标值计数集子元素TargetValueCounts和一个必选的字段名称属性fieldName。其中属性fieldName表示目标变量的名称，目标值计数集子元素TargetValueCounts在前面我们已经讲过，这里不再重复。

2.3.3　评分应用过程

在模型生成之后，就可以应用于新数据进行评分应用了。评分应用以一个新的数据向量作为输入，以一个目标变量的类别标签为输出结果。这里，我们结合前面表2-3的矩阵，对一个朴素贝叶斯模型的应用过程进行简要的描述。其中特征的名称取自于表2-3。

设现有一个新的输入向量数据（i_{12}, i_{23}, i_3），其中i_{12}、i_{23}是离散型变量的取值，i_3是一个连续型变量取值。则目标类别标签t_1的后验概率计算公式为：

$$P(t_1|i_{12}, i_{23}, i_3) = \frac{L_1}{L_1 + L_2 + L_3}$$

式中　$L_1 = count[t_1] * \dfrac{count[i_{12}, t_1]}{count[i_1, t_1]} * \dfrac{count[i_{23}, t_1]}{count[i_2, t_1]} * \dfrac{e^{\frac{(i_3 - mean[i_3, t_1])^2}{2*variance[i_3, t_1]}}}{\sqrt{2\pi * variance[i_3, t_1]}}$

$L_2 = count[t_2] * \dfrac{count[i_{12}, t_2]}{count[i_1, t_2]} * \dfrac{count[i_{23}, t_2]}{count[i_2, t_2]} * \dfrac{e^{\frac{(i_3 - mean[i_3, t_2])^2}{2*variance[i_3, t_2]}}}{\sqrt{2\pi * variance[i_3, t_2]}}$

$L_2 = count[t_3] * \dfrac{count[i_{12}, t_3]}{count[i_1, t_3]} * \dfrac{count[i_{23}, t_3]}{count[i_2, t_3]} * \dfrac{e^{\frac{(i_3 - mean[i_3, t_3])^2}{2*variance[i_3, t_3]}}}{\sqrt{2\pi * variance[i_3, t_3]}}$

上式中，$count[t_k]$为目标变量取值为t_k时出现的频率计数；$count[i_j, t_k]$表示第j个输入特征变量在目标变量取值为t_k时出现的频率计数；$count[i_{jl}, t_k]$表示第j个输入特征变量在

取值为 i_{jl}，且目标变量取值为 t_k 时出现的频率计数。

需要注意的是，在应用过程中对特征变量的缺失值处理是简单地忽略，也就是说，如果一个输入向量数据中某个输入特征缺失了，则忽略该特征（就像是不存在一样）。例如，现在给定了一个新的输入向量数据 $(-, i_{23}, -)$，即只给了第二个特征向量的 i_{23} 值，则相应的类别标签 t_1 的后验概率公式为（"–" 表示对应位置的输入特征值缺失）：

$$P(t_1|-, i_{23}, -) = \frac{L_1}{L_1 + L_2 + L_3}$$

式中　　$L_1 = count[t_1] * \dfrac{count[i_{23}, t_1]}{count[i_2, t_1]}$

$L_2 = count[t_2] * \dfrac{count[i_{23}, t_2]}{count[i_2, t_2]}$

$L_3 = count[t_3] * \dfrac{count[i_{23}, t_3]}{count[i_2, t_3]}$

下面是一个完整的朴素贝叶斯模型的 PMML 定义，请读者自行阅读、体会，以便能够更加深入地理解和把握这个模型。

```
1.   <PMML xmlns="http://www.dmg.org/PMML-4_3" xmlns:xsi="http://www.w3.org/
2001/XMLSchema-instance"
2.     version="4.3">
3.     <Header copyright="Copyright (c) 2013, DMG.org» />
4.     <DataDictionary numberOfFields="6">
5.       <DataField name="age of individual" optype="continuous" dataType="double" />
6.       <DataField name="gender" optype="categorical" dataType="string">
7.         <Value value="female" />
8.         <Value value="male" />
9.       </DataField>
10.      <DataField name="no of claims" optype="categorical" dataType="string">
11.        <Value value="0" />
12.        <Value value="1" />
13.        <Value value="2" />
14.        <Value value=">2" />
15.      </DataField>
16.      <DataField name="domicile" optype="categorical" dataType="string">
17.        <Value value="suburban" />
```

```
18.          <Value value="urban" />
19.          <Value value="rural" />
20.      </DataField>
21.      <DataField name="age of car" optype="continuous" dataType="double" />
22.      <DataField name="amount of claims" optype="categorical" dataType="integer">
23.          <Value value="100" />
24.          <Value value="500" />
25.          <Value value="1000" />
26.          <Value value="5000" />
27.          <Value value="10000" />
28.      </DataField>
29.  </DataDictionary>
30.  <NaiveBayesModel modelName="NaiveBayes Insurance" functionName="classification"
31.      threshold="0.001">
32.      <MiningSchema>
33.          <MiningField name="age of individual" />
34.          <MiningField name="gender" />
35.          <MiningField name="no of claims" />
36.          <MiningField name="domicile" />
37.          <MiningField name="age of car" />
38.          <MiningField name="amount of claims" usageType="target" />
39.      </MiningSchema>
40.      <BayesInputs>
41.          <BayesInput fieldName="age of individual">
42.              <TargetValueStats>
43.                  <TargetValueStat value="  100">
44.                      <GaussianDistribution mean="32.006" variance="0.352" />
45.                  </TargetValueStat>
46.                  <TargetValueStat value="  500">
47.                      <GaussianDistribution mean="24.936" variance="0.516" />
48.                  </TargetValueStat>
```

```
49.        <TargetValueStat value=" 1000">
50.          <GaussianDistribution mean="24.588" variance="0.635" />
51.        </TargetValueStat>
52.        <TargetValueStat value=" 5000">
53.          <GaussianDistribution mean="24.428" variance="0.379" />
54.        </TargetValueStat>
55.        <TargetValueStat value="10000">
56.          <GaussianDistribution mean="24.770" variance="0.314" />
57.        </TargetValueStat>
58.      </TargetValueStats>
59.    </BayesInput>
60.    <BayesInput fieldName="gender">
61.      <PairCounts value="male">
62.        <TargetValueCounts>
63.          <TargetValueCount value="100" count="4273" />
64.          <TargetValueCount value="500" count="1321" />
65.          <TargetValueCount value="1000" count="780" />
66.          <TargetValueCount value="5000" count="405" />
67.          <TargetValueCount value="10000" count="42" />
68.        </TargetValueCounts>
69.      </PairCounts>
70.      <PairCounts value="female">
71.        <TargetValueCounts>
72.          <TargetValueCount value="100" count="4325" />
73.          <TargetValueCount value="500" count="1212" />
74.          <TargetValueCount value="1000" count="742" />
75.          <TargetValueCount value="5000" count="292" />
76.          <TargetValueCount value="10000" count="48" />
77.        </TargetValueCounts>
78.      </PairCounts>
79.    </BayesInput>
80.    <BayesInput fieldName="no of claims">
```

```
81.        <PairCounts value="0">
82.          <TargetValueCounts>
83.            <TargetValueCount value="100" count="4698" />
84.            <TargetValueCount value="500" count="623" />
85.            <TargetValueCount value="1000" count="1259" />
86.            <TargetValueCount value="5000" count="550" />
87.            <TargetValueCount value="10000" count="40" />
88.          </TargetValueCounts>
89.        </PairCounts>
90.        <PairCounts value="1">
91.          <TargetValueCounts>
92.            <TargetValueCount value="100" count="3526" />
93.            <TargetValueCount value="500" count="1798" />
94.            <TargetValueCount value="1000" count="227" />
95.            <TargetValueCount value="5000" count="152" />
96.            <TargetValueCount value="10000" count="40" />
97.          </TargetValueCounts>
98.        </PairCounts>
99.        <PairCounts value="2">
100.          <TargetValueCounts>
101.            <TargetValueCount value="100" count="225" />
102.            <TargetValueCount value="500" count="10" />
103.            <TargetValueCount value="1000" count="9" />
104.            <TargetValueCount value="5000" count="0" />
105.            <TargetValueCount value="10000" count="10" />
106.          </TargetValueCounts>
107.        </PairCounts>
108.        <PairCounts value=">2">
109.          <TargetValueCounts>
110.            <TargetValueCount value="100" count="112" />
111.            <TargetValueCount value="500" count="5" />
112.            <TargetValueCount value="1000" count="1" />
```

```
113.            <TargetValueCount value="5000" count="1" />
114.            <TargetValueCount value="10000" count="8" />
115.          </TargetValueCounts>
116.        </PairCounts>
117.      </BayesInput>
118.      <BayesInput fieldName="domicile">
119.        <PairCounts value="suburban">
120.          <TargetValueCounts>
121.            <TargetValueCount value="100" count="2536" />
122.            <TargetValueCount value="500" count="165" />
123.            <TargetValueCount value="1000" count="516" />
124.            <TargetValueCount value="5000" count="290" />
125.            <TargetValueCount value="10000" count="42" />
126.          </TargetValueCounts>
127.        </PairCounts>
128.        <PairCounts value="urban">
129.          <TargetValueCounts>
130.            <TargetValueCount value="100" count="1679" />
131.            <TargetValueCount value="500" count="792" />
132.            <TargetValueCount value="1000" count="511" />
133.            <TargetValueCount value="5000" count="259" />
134.            <TargetValueCount value="10000" count="30" />
135.          </TargetValueCounts>
136.        </PairCounts>
137.        <PairCounts value="rural">
138.          <TargetValueCounts>
139.            <TargetValueCount value="100" count="2512" />
140.            <TargetValueCount value="500" count="1013" />
141.            <TargetValueCount value="1000" count="442" />
142.            <TargetValueCount value="5000" count="137" />
143.            <TargetValueCount value="10000" count="21" />
144.          </TargetValueCounts>
```

```
145.          </PairCounts>
146.        </BayesInput>
147.        <BayesInput fieldName="age of car">
148.          <DerivedField optype="categorical" dataType="string">
149.            <Discretize field="age of car">
150.              <DiscretizeBin binValue="0">
151.                <Interval closure="closedOpen" leftMargin="0" rightMargin="1" />
152.              </DiscretizeBin>
153.              <DiscretizeBin binValue="1">
154.                <Interval closure="closedOpen" leftMargin="1" rightMargin="5" />
155.              </DiscretizeBin>
156.              <DiscretizeBin binValue="2">
157.                <Interval closure="closedOpen" leftMargin="5" />
158.              </DiscretizeBin>
159.            </Discretize>
160.          </DerivedField>
161.        <PairCounts value="0">
162.          <TargetValueCounts>
163.            <TargetValueCount value="100" count="927" />
164.            <TargetValueCount value="500" count="183" />
165.            <TargetValueCount value="1000" count="221" />
166.            <TargetValueCount value="5000" count="50" />
167.            <TargetValueCount value="10000" count="10" />
168.          </TargetValueCounts>
169.        </PairCounts>
170.        <PairCounts value="1">
171.          <TargetValueCounts>
172.            <TargetValueCount value="100" count="830" />
173.            <TargetValueCount value="500" count="182" />
174.            <TargetValueCount value="1000" count="51" />
175.            <TargetValueCount value="5000" count="26" />
176.            <TargetValueCount value="10000" count="6" />
```

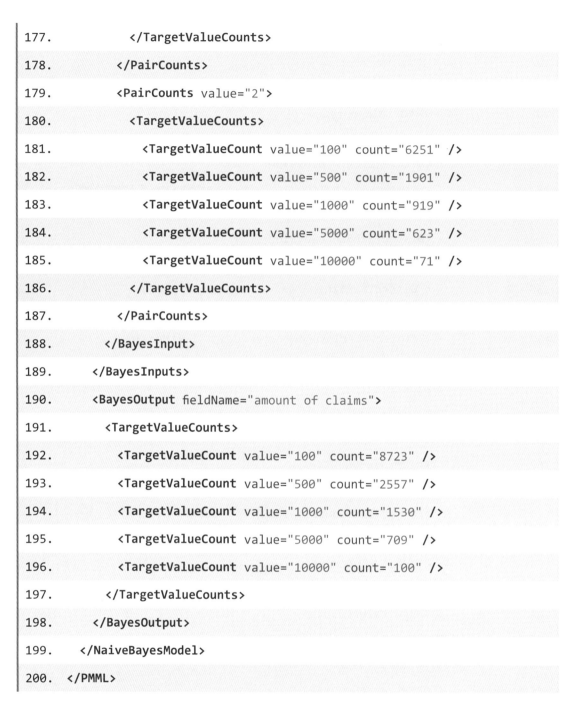

```
177.          </TargetValueCounts>
178.        </PairCounts>
179.        <PairCounts value="2">
180.          <TargetValueCounts>
181.            <TargetValueCount value="100" count="6251" />
182.            <TargetValueCount value="500" count="1901" />
183.            <TargetValueCount value="1000" count="919" />
184.            <TargetValueCount value="5000" count="623" />
185.            <TargetValueCount value="10000" count="71" />
186.          </TargetValueCounts>
187.        </PairCounts>
188.      </BayesInput>
189.    </BayesInputs>
190.    <BayesOutput fieldName="amount of claims">
191.      <TargetValueCounts>
192.        <TargetValueCount value="100" count="8723" />
193.        <TargetValueCount value="500" count="2557" />
194.        <TargetValueCount value="1000" count="1530" />
195.        <TargetValueCount value="5000" count="709" />
196.        <TargetValueCount value="10000" count="100" />
197.      </TargetValueCounts>
198.    </BayesOutput>
199.  </NaiveBayesModel>
200. </PMML>
```

在这个示例模型中，阈值threshold=0.001。

另外，这个模型对输入特征变量"age of car"进行了派生处理，使用派生元素DerivedField通过函数Discretize进行了分箱处理，使其变成了categorical（分类型）型变量。这样输入特征变量"age of car"就变成了只有三个取值，分别是"0""1""2"。

为了下面方便介绍，我们根据这个示例PMML文件给定的朴素贝叶斯模型，按照表2-3的样式整理出表2-4所示的矩阵信息表格。

表2-4 示例模型对应的频率计数矩阵

目标变量 输入变量		amount of claims				
		100	500	1000	5000	10000
		8723	2557	1530	709	100
age of individual	(24)	mean=32.006 variance=0.352	mean=24.936 variance=0.516	mean=24.588 variance=0.635	mean=24.428 variance=0.379	mean=24.770 variance=0.314
gender	male	4273	1321	780	405	42
	female	4325	1212	742	292	48
no of claims	0	4698	623	1259	550	40
	1	3526	1798	227	152	40
	2	225	10	9	0	10
	>2	112	5	1	1	8
domicile	suburban	2536	165	516	290	42
	urban	1679	792	511	259	30
	rural	2512	1013	442	137	21
age of car	0	927	183	221	50	10
	1	830	182	51	26	6
	2	6251	1901	919	623	71

现在给出一个新的记录，并利用上面的模型进行分类。新的数据向量如下：

$$X = \{\text{age of individual} = \text{"24"},$$
$$\text{gender} = \text{"male"},$$
$$\text{no of claims} = \text{"2"},$$
$$\text{domicile} = (\text{缺失}),$$
$$\text{age of car} = \text{"1"}\}$$

则按照上面的模型，判断这个新的记录属于目标变量的哪一类？

由于目标变量"amount of claims"有5个类别，分别是：t_0="100"，t_1="500"，t_2="1000"，t_3="5000"，t_4="10000"。所以，我们需要分别计算每个类别的后验概率，最后选择后验概率最大的类别为最终分类结果。

目标变量"amount of claims"取值为"100"、"500"、"1000"、"5000"、"10000"的后验概率为：

$$P(\text{"100"}|\text{"24"}, \text{"male"}, \text{"2"}, -, \text{"1"}) = \frac{L_0}{L_0+L_1+L_2+L_3+L_4}$$

$$P(\text{"500"}|\text{"24"}, \text{"male"}, \text{"2"}, -, \text{"1"}) = \frac{L_1}{L_0+L_1+L_2+L_3+L_4}$$

$$P(\text{"1000"}|\text{"24"}, \text{"male"}, \text{"2"}, -, \text{"1"}) = \frac{L_2}{L_0+L_1+L_2+L_3+L_4}$$

$$P(\text{"5000"}|\text{"24"}, \text{"male"}, \text{"2"}, -, \text{"1"}) = \frac{L_3}{L_0+L_1+L_2+L_3+L_4}$$

$$P(\text{"10000"}|\text{"24"}, \text{"male"}, \text{"2"}, -, \text{"1"}) = \frac{L_4}{L_0+L_1+L_2+L_3+L_4}$$

式中

$$L_0 = 8723 \times \frac{e^{-\frac{(24-32.006)^2}{2 \cdot 0.352}}}{\sqrt{2\pi \times 0.352}} \times \frac{4723}{8598} \times \frac{225}{8561} \times \frac{830}{8008}$$

$$L_1 = 2557 \times \frac{e^{-\frac{(24-24.936)^2}{2 \cdot 0.516}}}{\sqrt{2\pi \times 0.516}} \times \frac{1321}{2533} \times \frac{10}{2436} \times \frac{182}{2266}$$

$$L_2 = 1530 \times \frac{e^{-\frac{(24-24.588)^2}{2 \cdot 0.635}}}{\sqrt{2\pi \times 0.635}} \times \frac{780}{1522} \times \frac{9}{1496} \times \frac{51}{1191}$$

$$L_3 = 709 \times \frac{e^{-\frac{(24-24.428)^2}{2 \cdot 0.379}}}{\sqrt{2\pi \times 0.379}} \times \frac{405}{697} \times \frac{0}{703} \times \frac{26}{699}$$

$$L_4 = 100 \times \frac{e^{-\frac{(24-24.770)^2}{2 \cdot 0.314}}}{\sqrt{2\pi \times 0.314}} \times \frac{42}{90} \times \frac{10}{98} \times \frac{6}{87}$$

读者需要特别注意的是上面计算 L_0、L_3 的公式中红色的部分。

第一个红色的部分是计算高斯分布的概率密度，但是由于在 mean=32.006 和 variance=0.352，输入变量 "age of individual" 取值为 24 时，计算结果为 1.93676986036951E-40。这个值远远小于本模型设定的阈值 threshold(0.001)，所以，这一部分应以阈值 threshold 代替；

第二个红色的部分是计算在输入变量 "no of claims" 取值为 2，目标变量取值为 "5000" 时的联合概率，但是由于 0/703 为零，小于本模型设定的阈值 threshold(0.001)。所以，这一部分也应该以阈值 threshold 代替。

经过这样的处理后，L_0、L_1、L_2、L_3、L_4 计算的结果如下：

$$L_0 = 0.013052642$$
$$L_1 = 0.10447973$$
$$L_2 = 0.077025026$$
$$L_3 = 0.0077983052$$
$$L_4 = 0.090957165$$

则最后目标变量 "amount of claims" 在新数据下，取不同值（类别标签）的后验概率分别是：

$$P(\text{"100"}|\text{"24"}, \text{"male"}, \text{"2"}, -, \text{"1"}) = 0.044500746$$
$$P(\text{"500"}|\text{"24"}, \text{"male"}, \text{"2"}, -, \text{"1"}) = 0.35620576$$
$$P(\text{"1000"}|\text{"24"}, \text{"male"}, \text{"2"}, -, \text{"1"}) = 0.26260364$$
$$P(\text{"5000"}|\text{"24"}, \text{"male"}, \text{"2"}, -, \text{"1"}) = 0.026586985$$
$$P(\text{"10000"}|\text{"24"}, \text{"male"}, \text{"2"}, -, \text{"1"}) = 0.31010288$$

可以看出，由于 $P($ "500" | "24"，"male"，"2"，-，"1"$)$ 的后验概率最大，所以按照朴素贝叶斯模型的分类结果，新数据应该属于目标变量取值为 "500" 的这个类别。

3 贝叶斯网络模型 BayesianNetworkModel

3.1 贝叶斯网络基础知识

在上一章我们讲过，朴素贝叶斯模型是利用概率作为基础推断目标变量的类别，其基础原理是贝叶斯定理。而本章将要讲述的贝叶斯网络模型则是基于朴素贝叶斯模型的扩展。

在讲述朴素贝叶斯模型时，我们做了"朴素"的假设：一个输入特征变量对给定目标变量的影响独立于其他输入特征变量，也就是说，输入特征变量的集合是一个由互不影响的元素的集合，元素相互之间没有前后顺序的关系，说得直白一点就是，这些输入特征变量是一个散乱无序的、相互独立的变量组，不能刻画输入变量间的前后相互依赖的因果关系（前因后果）。所以，虽然在实际应用中朴素贝叶斯的表现出了很好的效果，但是这些假设在实际情况中经常是不成立的，因此，理论上其分类准确率仍然有提升的空间。

本章将要讲述的贝叶斯网络模型BN(Bayesian Network)具有更普遍的意义，它可以在遵从输入特征变量之间彼此不独立的实际情况下，根据是否条件独立绘制在一个有向无环图中，形成一个有方向的网络——贝叶斯网络模型，进而进行建模，实现预测回归或分类的目的。贝叶斯网络于1985年由人工智能先驱Judea Pearl提出，它是一种模拟人类推理过程中对因果关系不确定性的处理方式的模型。Judea Pearl 也因此被称为贝叶斯网络之父（见图3-1）。

图3-1 贝叶斯网络之父Judea Pearl

贝叶斯网络又称信念网络（Belief Network），是一种有向无环图模型（DAG, Directed Acyclic Graphical model），也是一种概率图模型（PGM, Probabilistic Graphical Model）。有向无环图是关于一组随机变量的联合概率分布的模型，图3-2是一个贝叶斯网络模型的示意图。贝叶斯网络这种图模型是由节点和节点之间的连接弧组成的，其中节点代表随机变量（分类变量或连续变量），弧则代表相互连接的随机变量间的因果依赖关系。所以在给定任意一个或多个随机变量新数据时，通过贝叶斯网络模型就可以推断出其他随机变量的结果。故贝叶斯网络模型既可以用于概率回归预测，也可以用于分类。

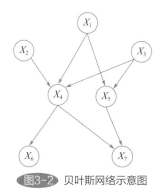

图3-2 贝叶斯网络示意图

贝叶斯网络有以下特点：

✓ 每个节点代表一个随机变量；

✓ 节点之间的连接边（弧）表示节点之间的关系（因果关系），用条件概率表达关系的强度；

✓ 贝叶斯网络是一个有向无环图（DAG），所以因果关系不可以循环（结果不能推回到原因）；

✓ 没有父节点的节点（根节点）用先验概率表达信息；

✓ 推理结果就是贝叶斯网络中的一条路径。

贝叶斯网络中，随机变量之间的独立性可以由有向无环图的结构来决定。在一个贝叶斯网络拓扑图中，两个变量通过第三个中间变量的连接方式主要有顺序连接、分支连接、汇合连接三种基本的连接形式。

（1）顺序连接

如图3-3所示，如果 Y 未知，则变量 Z 的变化会影响 Y，从而间接影响 X，所以此时 X 和 Z 不独立；如果 Y 已知（给定 Y 的信息），那么 X 和 Z 独立，因为此时 X 和 Z 的通道被阻断了。因此有：

$$P(X, Y, Z) = P(Z)P(Y|Z)P(X|Y)$$

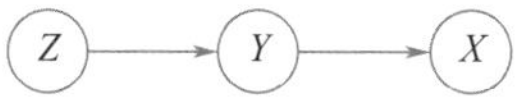

图3-3 顺序连接

（2）分支连接

如图3-4所示，分支连接代表一个原因导致多个结果。与顺序连接类似，在给定 Y 的信息时，变量 X 和 Z 之间就不能相互影响了，此时它们是相互独立的；如果 Y 未知，Y

可以在变量 X 和 Z 之间传递信息，从而使得变量 X 和 Z 之间相互影响，导致两者之间不再独立。

$$P(X, Y, Z) = P(Y)P(X|Y)P(Z|Y)$$

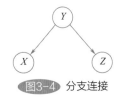

图3-4 分支连接

（3）汇合连接

如图3-5所示，汇合连接与分支连接正好相反，它表示了多个原因导致一个结果，或者说一个结果是由多种原因导致的。这种结构中，如果变量 Y 的信息已知，则当变量 X 对 Y 的影响增加时，Z 的影响就会降低，所以此时变量 X 和 Y 不是相互独立的；如果 Y 未知，变量 X 和 Z 之间互不影响，此时 X 和 Z 是相互独立的。因此有：

$$P(X, Y, Z) = P(X)P(Z)P(Y|X, Z)$$

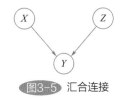

图3-5 汇合连接

所以，在一个贝叶斯网络中，判断两个变量之间的相互独立性是非常重要的，它可以大大减少计算复杂性，提高模型训练的速度。在贝叶斯网络这种因果图中，D分离（D-separation）是一种常用的在给定第三个变量集合 Z 的情况下，判断变量集合 X 是否独立于另一个集合 Y 的有效方法。这里变量集合可以是单独的一个节点，也可以是一个包含多个节点的集合。关于D分离的详细知识，读者可参考相关资料，这里不再赘述。

在前一章讲述的朴素贝叶斯模型是贝叶斯网络模型的一种特例。如果用贝叶斯网络拓扑图的形式展示朴素贝叶斯模型的话，将如图3-6所示。其中根节点 C 代表类别（目标变量），它作为所有其他输入特征变量 X_1、X_2、$X_3 \cdots X_n$ 的父节点，并依赖于这些输入特征变量。而这些输入特征变量都是基于类别条件下相互独立的（朴素的假设）。

图3-6 朴素贝叶斯模型是贝叶斯网络的一种特例

3.2　贝叶斯网络算法简介

如果X={$X_1,X_2 \cdots X_n$}是一个随机变量的集合，每一个随机变量代表一个节点，那么贝叶斯网络BN可以使用概率表达式表示如下：

$$P(X)=\prod_{i=1}^{n}P(X_i|\Pi_{X_i})$$

式中：Π_{X_i}代表变量（节点）X_i的所有父节点集合；$P(X_i|\Pi_{X_i})$代表给定节点X_i的所有父节点时，它的条件概率分布。如果一个节点X_i没有父节点，则称$P(X_i|\Pi_{X_i})$为节点X_i的边缘概率分布。此节点称为根节点或者根变量。

注意：贝叶斯网络中的变量可以是分类型的，也可以是连续型的。对于连续变量，定义的是条件或边缘概率分布；而对于分类变量，定义的是条件或边缘概率表。

设N_{obs}表示一个可以获得新数据D的变量（节点）子集，这些新数据代表着新的信息，而这些新信息可以与贝叶斯网络模型一起使用来估计那些没有新数据的节点（未观测变量集）的后验概率。这里，我们对这些未观测到的变量（节点）集合使用$\overline{N}_{obs}$表示。根据贝叶斯定理可知：

$$P(\overline{N}_{obs}|N_{obs}=D)\propto P(N_{obs}=D|\overline{N}_{obs})P(\overline{N}_{obs})$$

式中，符号$\propto$是正比于符号，表示左边的表达式正比于右边的表达式；$P(\overline{N}_{obs})$和$P(\overline{N}_{obs}|N_{obs}=D)$分别代表未观测变量集$\overline{N}_{obs}$的先验概率分布和后验概率分布；$P(N_{obs}=D|\overline{N}_{obs})$表示以未观测变量集$\overline{N}_{obs}$为条件的观测到的新数据$D$的似然概率（出现的可能性）。后验分布的精确计算可能在需要高昂的代价，在这种情况下，可以使用马尔科夫链蒙特卡洛MCMC(Markov Chain Monte Carlo)方法或近似贝叶斯计算ABC(Approximate Bayesian Computation)等技术来减少计算量，从而快速获得后验分布的结果。

马尔科夫链蒙特卡洛MCMC方法也称为动态 Monte Carlo方法，是一种有效的针对高维度随机向量取样的方法。这里的"高维度"是指输入的特征向量的维数多，也就是一个训练样本由很多维度组成，每个维度代表一个输入特征变量。

贝叶斯网络的应用非常广泛，已经在以下场景发挥了巨大的作用：

● 因果推理（Causal Reasoning），即自顶向下的推理。由原因推出结论，推理出在该原因下，某种结果发生的概率；

● 证据推理（Evidential Reasoning），即自底向上的推理，也称为原因诊断推理。由结论推出原因，即根据产生的结果，利用贝叶斯网络推理算法，得出导致该结果的原因的概率，如设备的故障诊断；

● 证据间相关性推理（Intercausal Reasoning），又称为混合推理（Mixed Reasoning）。它结合了因果推理和证据推理的方式，以便能够对所发生的现象提供解释，其最终目的是分析原因之间的相互影响。例如：有多个原因导致了某个结果的发生，在已知结果信息的情况下，那么对其中一个原因的观察，会改变我们对另一个原因的判断。

3.3 贝叶斯网络模型元素BayesianNetworkModel

在PMML规范中，表达一个贝叶斯网络模型需要保存以下信息：

➤ 对连续型根变量，保存变量的边缘概率分布（分布类型、分布参数）；

➤ 对离散型根变量，保存变量的边缘分布概率表，即各种可能的取值及其对应的概率值；

➤ 对于非根节点的连续型变量，保存变量的条件概率分布，即基于父节点变量的分布类型、分布参数；

➤ 对于非根节点的离散型变量，保存变量的条件概率表，即基于父节点的各种可能取值及其对应的概率值。

图3-7形象化地展示了一个贝叶斯网络所需要保存的信息。

图3-7所示的例子说明的是一个学生的学习课程的难度和学生的智力对是否最终获得某个职位的推荐信的贝叶斯网络。其中，"Difficulty"节点表示学习课程的难度；

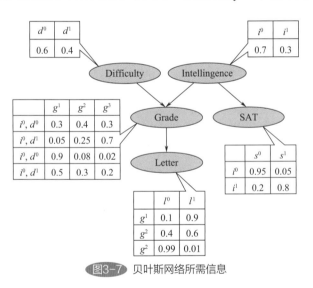

图3-7 贝叶斯网络所需信息

"Intelligence"节点表示一个学生的智力高低；"Grade"节点表示一个学生获得学习成绩的等级；"SAT"节点表示SAT（Scholastic Assessment Test，学术能力评估测试）考试的成绩；"Letter"节点表示是否获得某个职位的推荐信。

在PMML规范中，贝叶斯网络BN的定义如下：

```
1.  <xs:element name="BayesianNetworkModel">
```

```
2.    <xs:complexType>
3.      <xs:sequence>
4.        <xs:element ref="Extension" minOccurs="0" maxOccurs="unbounded"/>
5.        <xs:element ref="MiningSchema"/>
6.        <xs:element ref="Output" minOccurs="0"/>
7.        <xs:element ref="ModelStats" minOccurs="0"/>
8.        <xs:element ref="ModelExplanation" minOccurs="0"/>
9.        <xs:element ref="Targets" minOccurs="0"/>
10.        <xs:element ref="LocalTransformations" minOccurs="0"/>
11.        <xs:element ref="BayesianNetworkNodes" minOccurs="1"/>
12.        <xs:element ref="ModelVerification" minOccurs="0"/>
13.        <xs:element ref="Extension" minOccurs="0" maxOccurs="unbounded"/>
14.      </xs:sequence>
15.      <xs:attribute name="modelName" type="xs:string"/>
16.      <xs:attribute name="functionName" type="MINING-FUNCTION" use="required"/>
17.      <xs:attribute name="algorithmName" type="xs:string"/>
18.      <xs:attribute name="isScorable" type="xs:boolean" default="true"/>
19.    </xs:complexType>
20.  </xs:element>
```

一个贝叶斯网络模型的元素BayesianNetworkModel包含一个由MiningSchema、Output、ModelStats、Targets、LocalTransformations、BayesianNetworkNodes、ModelVerification等子元素按顺序组成的序列。除BayesianNetworkNodes子元素外，其他子元素都是所有模型通用的子元素。所以本节将重点讲述一下BayesianNetworkNodes子元素。

3.3.1 模型属性

任何一个模型都可以包含modelName、functionName、algorithmName和isScorable四个属性，其中属性functionName是必选的，其他三个属性是可选的。它们具体的含义请参考第一章关联规则模型的相应部分，此处不再赘述。

这里需要注意的是属性functionName，在贝叶斯网络模型中，它可取"classification"或者"regression"中的一个。

贝叶斯网络模型没有其他特有的属性。

3.3.2 模型子元素

贝叶斯网络模型BayesianNetworkModel包含了一个特有的子元素BayesianNetworkNodes。这个子元素代表了网络中节点变量的集合。根据节点变量的度量类型，贝叶斯网络包含了两种节点：离散型节点和连续型节点。

子元素BayesianNetworkNodes在PMML规范中的定义如下：

```xml
1.  <xs:element name="BayesianNetworkNodes">
2.    <xs:complexType>
3.      <xs:sequence>
4.        <xs:element ref="Extension" minOccurs="0" maxOccurs="unbounded"/>
5.        <xs:choice maxOccurs="unbounded">
6.          <xs:element ref="DiscreteNode"/>
7.          <xs:element ref="ContinuousNode"/>
8.        </xs:choice>
9.      </xs:sequence>
10.   </xs:complexType>
11.  </xs:element>
12.
13.  <xs:element name="DiscreteNode">
14.    <xs:complexType>
15.      <xs:sequence>
16.        <xs:element ref="Extension" minOccurs="0" maxOccurs="unbounded"/>
17.        <xs:element ref="DerivedField" minOccurs="0" maxOccurs="unbounded"/>
18.        <xs:choice maxOccurs="unbounded">
19.          <xs:element ref="DiscreteConditionalProbability"/>
20.          <xs:element ref="ValueProbability" maxOccurs="unbounded"/>
21.        </xs:choice>
22.      </xs:sequence>
23.      <xs:attribute name="name" type="FIELD-NAME" use="required"/>
24.      <xs:attribute name="count" type="REAL-NUMBER" use="optional"/>
25.    </xs:complexType>
26.  </xs:element>
27.
```

```
28.  <xs:element name="ContinuousNode">

29.    <xs:complexType>

30.      <xs:sequence>

31.        <xs:element ref="Extension" minOccurs="0" maxOccurs="unbounded"/>

32.        <xs:element ref="DerivedField" minOccurs="0" maxOccurs="unbounded"/>

33.        <xs:choice maxOccurs="unbounded">

34.          <xs:element ref="ContinuousConditionalProbability"/>

35.          <xs:element ref="ContinuousDistribution" maxOccurs="unbounded"/>

36.        </xs:choice>

37.      </xs:sequence>

38.      <xs:attribute name="name" type="FIELD-NAME" use="required"/>

39.      <xs:attribute name="count" type="REAL-NUMBER" use="optional"/>

40.    </xs:complexType>

41.  </xs:element>
```

从上面的定义可以看出，子元素BayesianNetworkNodes可以包含一个或多个离散型节点元素DiscreteNode和连续型节点元素ContinuousNode。

其中，离散型节点元素DiscreteNode代表了一个具有有限值集合的分类型变量，每个值都有对应的概率值（如果是根节点，就是值对应的边缘概率；如果是子节点，则是基于父节点的条件概率）。每个节点的所有值对应的概率之和必须为1。其属性name表示这个离散型节点代表的特征变量的名称，而可选的属性count用来存储计算概率的样本数量，它在有新数据加入，更新概率值时有一定的用途。

连续型节点元素ContinuousNode代表了一个具有连续分布概率密度函数的连续型变量，并通过子元素ContinuousConditionalProbability（后面有详细介绍）来表示分布函数的具体参数。同样，这个节点元素也有两个属性：name和count，其中属性name表示这个连续型节点代表的特征变量的名称，而可选的属性count用来定义这个连续型节点变量概率分布的样本数量。

下面我们重点讲述一下以上两类节点所包含的子元素，这些子元素才是构成贝叶斯网络模型详细信息的基础。

（1）离散型节点元素DiscreteNode的子元素

从上面的定义可以看出，除了属性name和count外，元素DiscreteNode还包括一个或多个离散条件概率子元素DiscreteConditionalProbability或者值概率元素ValueProbability。根据下面的定义可以看出，这两个子元素即可以是二选一方式（对根节点），也可以是元素DiscreteConditionalProbability包含一个或多个值概率子元素ValueProbability。

如果网络中一个节点具有父节点，则其各种可能值的概率值将由一个条件概率表来表示。这个条件概率表的前提条件是其所有父节点各种取值的组合。而子元素DiscreteConditionalProbability就是用来表示这个条件概率表中的各个概率值的。这个元素至少包含了一个父节点值元素ParentValue和一个节点值对应的概率值元素ValueProbability。

在PMML规范中，这些子元素的定义如下：

```
1.  <xs:element name="DiscreteConditionalProbability">
2.    <xs:complexType>
3.      <xs:sequence>
4.        <xs:element ref="Extension" minOccurs="0" maxOccurs="unbounded"/>
5.        <xs:element ref="ParentValue" minOccurs="1" maxOccurs="unbounded"/>
6.        <xs:element ref="ValueProbability" minOccurs="1" maxOccurs="unbounded"/>
7.      </xs:sequence>
8.      <xs:attribute name="count" type="REAL-NUMBER" use="optional"/>
9.    </xs:complexType>
10. </xs:element>
11.
12.  <xs:element name="ParentValue">
13.    <xs:complexType>
14.      <xs:sequence>
15.        <xs:element ref="Extension" minOccurs="0" maxOccurs="unbounded"/>
16.      </xs:sequence>
17.      <xs:attribute name="parent" type="FIELD-NAME" use="required"/>
18.      <xs:attribute name="value" type="xs:string" use="required"/>
19.    </xs:complexType>
20. </xs:element>
21.
22.  <xs:element name="ValueProbability">
23.    <xs:complexType>
24.      <xs:sequence>
25.        <xs:element ref="Extension" minOccurs="0" maxOccurs="unbounded"/>
26.      </xs:sequence>
27.      <xs:attribute name="value" type="xs:string" use="required"/>
```

```
28.        <xs:attribute name="probability" type="PROB-NUMBER" use="required"/>
29.    </xs:complexType>
30. </xs:element>
```

从这个定义中可以看出，离散条件概率元素DiscreteConditionalProbability至少包含一个父节点值元素ParentValue和值概率元素ValueProbability。它有一个可选的属性count，表示生成概率值的相关样本数。

父节点值元素ParentValue主要要两个属性组成。其中属性parent表示父节点的名称；属性value则表示父节点的一个值。

值概率元素ValueProbability表示当前节点的某个值对应的一个概率值，它由属性value和属性probability组成。其中属性value代表当前节点的一个值；属性probability则是这个值对应的概率值。

父节点值元素ParentValue和值概率元素ValueProbability两者结合使用，就可以表达在父节点取某个值（或值组合）时，当前节点的条件概率。具体内容请读者参考后面完整的例子。

（2）连续型节点元素ContinuousNode的子元素

从结构上看，元素ContinuousNode与元素DiscreteNode类似。除了属性name和count外，元素ContinuousNode还包括一个或多个连续条件概率子元素ContinuousConditionalProbability或者连续分布子元素ContinuousDistribution。根据下面的定义可以看出，这两个子元素可以是二选一方式（对根节点），也可以在元素ContinuousConditionalProbability中包含一个或多个连续分布子元素ContinuousDistribution。

在PMML规范中，这些子元素的定义如下：

```
1.  <xs:element name="ContinuousConditionalProbability">
2.    <xs:complexType>
3.      <xs:sequence>
4.        <xs:element ref="Extension" minOccurs="0" maxOccurs="unbounded"/>
5.        <xs:element ref="ParentValue" minOccurs="0" maxOccurs="unbounded"/>
6.        <xs:element ref="ContinuousDistribution" minOccurs="1" maxOccurs="unbounded"/>
7.      </xs:sequence>
8.    <xs:attribute name="count" type="REAL-NUMBER" use="optional"/>
9.    </xs:complexType>
10. </xs:element>
11.
```

```
12.    <xs:element name="ContinuousDistribution">
13.      <xs:complexType>
14.        <xs:sequence>
15.          <xs:element ref="Extension" minOccurs="0" maxOccurs="unbounded"/>
16.          <xs:choice>
17.            <xs:element ref="TriangularDistributionForBN"/>
18.            <xs:element ref="NormalDistributionForBN"/>
19.            <xs:element ref="LognormalDistributionForBN"/>
20.            <xs:element ref="UniformDistributionForBN"/>
21.          </xs:choice>
22.        </xs:sequence>
23.      </xs:complexType>
24.    </xs:element>
25.
26.    <xs:element name="TriangularDistributionForBN">
27.      <xs:complexType>
28.        <xs:sequence>
29.          <xs:element ref="Extension" minOccurs="0" maxOccurs="unbounded"/>
30.          <xs:element ref="Mean" minOccurs="1" maxOccurs="1"/>
31.          <xs:element ref="Lower" minOccurs="1" maxOccurs="1"/>
32.          <xs:element ref="Upper" minOccurs="1" maxOccurs="1"/>
33.        </xs:sequence>
34.      </xs:complexType>
35.    </xs:element>
36.
37.
38.    <xs:element name="NormalDistributionForBN">
39.      <xs:complexType>
40.        <xs:sequence>
41.          <xs:element ref="Extension" minOccurs="0" maxOccurs="unbounded"/>
```

```
42.        <xs:element ref="Mean" minOccurs="1" maxOccurs="1"/>
43.        <xs:element ref="Variance" minOccurs="1" maxOccurs="1"/>
44.      </xs:sequence>
45.    </xs:complexType>
46.  </xs:element>
47.
48.  <xs:element name="LognormalDistributionForBN">
49.    <xs:complexType>
50.      <xs:sequence>
51.        <xs:element ref="Extension" minOccurs="0" maxOccurs="unbounded"/>
52.        <xs:element ref="Mean" minOccurs="1" maxOccurs="1"/>
53.        <xs:element ref="Variance" minOccurs="1" maxOccurs="1"/>
54.      </xs:sequence>
55.    </xs:complexType>
56.  </xs:element>
57.
58.  <xs:element name="UniformDistributionForBN">
59.    <xs:complexType>
60.      <xs:sequence>
61.        <xs:element ref="Extension" minOccurs="0" maxOccurs="unbounded"/>
62.        <xs:element ref="Lower" minOccurs="1" maxOccurs="1"/>
63.        <xs:element ref="Upper" minOccurs="1" maxOccurs="1"/>
64.      </xs:sequence>
65.    </xs:complexType>
66.  </xs:element>
67.
68.  <xs:element name="Mean">
69.    <xs:complexType>
70.      <xs:sequence>
71.        <xs:element ref="Extension" minOccurs="0" maxOccurs="unbounded"/>
```

```
72.          <xs:group ref="EXPRESSION"/>
73.        </xs:sequence>
74.      </xs:complexType>
75.    </xs:element>
76.
77.    <xs:element name="Lower">
78.      <xs:complexType>
79.        <xs:sequence>
80.          <xs:element ref="Extension" minOccurs="0" maxOccurs="unbounded"/>
81.          <xs:group ref="EXPRESSION"/>
82.        </xs:sequence>
83.      </xs:complexType>
84.    </xs:element>
85.
86.    <xs:element name="Upper">
87.      <xs:complexType>
88.        <xs:sequence>
89.          <xs:element ref="Extension" minOccurs="0" maxOccurs="unbounded"/>
90.          <xs:group ref="EXPRESSION"/>
91.        </xs:sequence>
92.      </xs:complexType>
93.    </xs:element>
94.
95.    <xs:element name="Variance">
96.      <xs:complexType>
97.        <xs:sequence>
98.          <xs:element ref="Extension" minOccurs="0" maxOccurs="unbounded"/>
99.          <xs:group ref="EXPRESSION"/>
100.         </xs:sequence>
101.       </xs:complexType>
102.     </xs:element>
```

对于连续型变量来说，需要存储的是随机变量的分布参数值。PMML 规范允许变量分布的参数通过表达式来表示，并且表达式可以是其他节点（如父节点）的值的函数。

PMML 规范使用子元素 ContinuousConditionalProbability 表达连续型节点的条件概率分布的参数。对于离散型父节点，需要使用父节点值元素 ParentValue 来指定父节点的值，并结合子元素 ContinuousDistribution 一起来使用；对于连续型的父节点，则无需父节点值元素 ParentValue，直接通过子元素 ContinuousDistribution 来表示，通过把父节点的值合并到节点分布参数中来表示条件概率分布。

子元素 ContinuousConditionalProbability 还有一个可选属性 count，用来定义这个连续型概率分布的样本数量。

子元素 ParentValue 我们在前面已经讲过，这里重点讲述一下元素 ContinuousDistribution。这个元素用于定义依赖于连续父节点的条件概率分布函数。在贝叶斯网络模型中，PMML 规范提供了四种连续分布的选择：三角形分布（TriangularDistributionForBN）、正态分布（NormalDistributionForBN）、对数正态分布（LognormalDistributionForBN）和均匀分布（UniformDistributionForBN），每一种分布都有自己特有的分布参数。其中，三角形分布的参数是下限 Lower、众数 Mean、上限 Upper；正态分布的参数是均值 Mean 和方差 Variance；对数正态分布的参数也是均值 Mean 和方差 Variance；均匀分布的参数是下限 Lower 和上限 Upper。由于这些元素在上面的定义中已经表述得非常清楚了，这里就不再进一步展开一一说明了。

3.3.3 评分应用过程

模型生成之后，就可以应用于新数据进行评分应用了。评分应用以一个新的数据向量作为输入，以一个目标变量的类别标签为输出结果。这里我们以一个实例说明贝叶斯网络模型的评分应用。

图 3-8 是本示例所使用的贝叶斯网络拓扑图。这是一个具有离散型节点和连续型节点的网络，其中 D_1、D_2、D_3 和 D_4 是离散型节点，C_1、C_2、C_3 和 C_4 是连续型节点。

表 3-1 是关于 D_1、D_2、D_3、D_4、C_1、C_2、C_3、C_4 等 8 各个节点的先验概率以及条件概率表的信息。

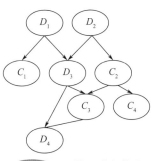

图3-8 贝叶斯网络拓扑图

表3-1　贝叶斯网络中各个节点的概率表信息

节点 ＼ 取值	0	1	2
D_1	0.3	0.7	—
D_2	0.6	0.3	0.1

D_1 ＼ C_1	$C_1 \mid D_1$		—
0	$N(10,2)$		—
1	$N(14,2)$		—

(D_1,D_2) ＼ D_3	0	1	—
（0,0）	0.1	0.9	—
（0,1）	0.3	0.7	—
（0,2）	0.4	0.6	—
（1,0）	0.6	0.4	—
（1,1）	0.8	0.2	—
（1,2）	0.9	0.1	—

D_2 ＼ C_2	$C_2 \mid D_2$		—
0	$N(6,1)$		—
1	$N(8,1)$		—
2	$N(14,1)$		—

D_3 ＼ C_3	$C_3 \mid C_2,D_3$		—
0	$N(0.15C_2^2,2)$		—
1	$N(0.15C_2,1)$		—

C_2 ＼ C_4	$C_4 \mid C_2$		—
C_2	$N(0.1C_2^2,+0.6C_2+1,2)$		—

(D_2,C_3) ＼ D_4	0	—	—
（0,$C_3<9$）	0.4	—	—
（0,$9<C_3<11$）	0.3	—	—
（0,$C_3>11$）	0.6	0.4	—
（1,$C_3<9$）	0.4	0.6	—
（1,$9<C_3<11$）	0.1	0.9	—
（0,$C_3>11$）	0.3	0.7	—

在上面示例的贝叶斯网络模型中，假如我们能够获得观测变量集 D_4、C_4 两个变量的信息，如 D_4=0，C_4=7，那么模型的目标就是使用这两个新的信息，结合模型的条件概率表信息来估计未观测到的变量，如 D_1、D_2、D_3、C_1、C_2 和 C_3 等。

使用 PMML 规范对上面的贝叶斯网络模型的定义代码如下：

```
1.  <PMML xmlns="http://www.dmg.org/PMML-4_3" version="4.3">
2.  <Header copyright="DMG.org"/>
3.  <DataDictionary numberOfFields="8">
4.    <DataField dataType="double" name="C1" optype="continuous"/>
5.    <DataField dataType="double" name="C2" optype="continuous"/>
6.    <DataField dataType="double" name="C3" optype="continuous"/>
7.    <DataField dataType="double" name="C4" optype="continuous"/>
8.    <DataField dataType="string" name="D1" optype="categorical">
9.      <Value value="0"/>
10.       <Value value="1"/>
11.   </DataField>
12.   <DataField dataType="string" name="D2" optype="categorical">
13.     <Value value="0"/>
14.     <Value value="1"/>
15.     <Value value="2"/>
16.   </DataField>
17.   <DataField dataType="string" name="D3" optype="categorical">
18.     <Value value="0"/>
19.     <Value value="1"/>
20.   </DataField>
21.   <DataField dataType="string" name="D4" optype="categorical">
22.     <Value value="0"/>
23.     <Value value="1"/>
24.   </DataField>
25.  </DataDictionary>
26.  <BayesianNetworkModel modelName="BN Example" functionName="regression">
27.    <MiningSchema>
28.      <MiningField name="D4" usageType="active"/>
29.      <MiningField name="C4" usageType="active"/>
```

```
30.        <MiningField name="D1" usageType="target"/>
31.        <MiningField name="D2" usageType="target"/>
32.        <MiningField name="D3" usageType="target"/>
33.        <MiningField name="C1" usageType="target"/>
34.        <MiningField name="C2" usageType="target"/>
35.        <MiningField name="C3" usageType="target"/>
36.    </MiningSchema>
37.    <BayesianNetworkNodes>
38.      <!--  -->
39.      <DiscreteNode name="D1">
40.        <ValueProbability value="0" probability="0.3"/>
41.        <ValueProbability value="1" probability="0.7"/>
42.      </DiscreteNode>
43.      <!--  -->
44.      <DiscreteNode name="D2">
45.        <ValueProbability value="0" probability="0.6"/>
46.        <ValueProbability value="1" probability="0.3"/>
47.        <ValueProbability value="2" probability="0.1"/>
48.      </DiscreteNode>
49.      <!--  -->
50.      <DiscreteNode name="D3">
51.        <DiscreteConditionalProbability>
52.          <ParentValue parent="D1" value="0"/>
53.          <ParentValue parent="D2" value="0"/>
54.          <ValueProbability value="0" probability="0.1"/>
55.          <ValueProbability value="1" probability="0.9"/>
56.        </DiscreteConditionalProbability>
57.        <DiscreteConditionalProbability>
58.          <ParentValue parent="D1" value="0"/>
59.          <ParentValue parent="D2" value="1"/>
```

```
60.            <ValueProbability value="0" probability="0.3"/>
61.            <ValueProbability value="1" probability="0.7"/>
62.        </DiscreteConditionalProbability>
63.        <DiscreteConditionalProbability>
64.          <ParentValue parent="D1" value="0"/>
65.          <ParentValue parent="D2" value="2"/>
66.          <ValueProbability value="0" probability="0.4"/>
67.          <ValueProbability value="1" probability="0.6"/>
68.        </DiscreteConditionalProbability>
69.        <DiscreteConditionalProbability>
70.          <ParentValue parent="D1" value="1"/>
71.          <ParentValue parent="D2" value="0"/>
72.          <ValueProbability value="0" probability="0.6"/>
73.          <ValueProbability value="1" probability="0.4"/>
74.        </DiscreteConditionalProbability>
75.        <DiscreteConditionalProbability>
76.          <ParentValue parent="D1" value="1"/>
77.          <ParentValue parent="D2" value="1"/>
78.          <ValueProbability value="0" probability="0.8"/>
79.          <ValueProbability value="1" probability="0.2"/>
80.        </DiscreteConditionalProbability>
81.        <DiscreteConditionalProbability>
82.          <ParentValue parent="D1" value="1"/>
83.          <ParentValue parent="D2" value="2"/>
84.          <ValueProbability value="0" probability="0.9"/>
85.          <ValueProbability value="1" probability="0.1"/>
86.        </DiscreteConditionalProbability>
87.      </DiscreteNode>
88.      <!--  -->
89.      <ContinuousNode name="C1">
```

```
90.      <ContinuousConditionalProbability>
91.        <ParentValue parent="D1" value="0"/>
92.        <ContinuousDistribution>
93.         <NormalDistributionForBN>
94.          <Mean>
95.           <Constant dataType="double">10</Constant>
96.          </Mean>
97.          <Variance>
98.           <Constant dataType="double">2</Constant>
99.          </Variance>
100.         </NormalDistributionForBN>
101.        </ContinuousDistribution>
102.      </ContinuousConditionalProbability>
103.      <ContinuousConditionalProbability>
104.        <ParentValue parent="D1" value="1"/>
105.        <ContinuousDistribution>
106.         <NormalDistributionForBN>
107.          <Mean>
108.           <Constant dataType="double">14</Constant>
109.          </Mean>
110.          <Variance>
111.           <Constant dataType="double">2</Constant>
112.          </Variance>
113.         </NormalDistributionForBN>
114.        </ContinuousDistribution>
115.      </ContinuousConditionalProbability>
116.    </ContinuousNode>
117.    <!--  -->
118.    <ContinuousNode name="C2">
119.      <ContinuousConditionalProbability>
```

```
120.        <ParentValue parent="D2" value="0"/>
121.        <ContinuousDistribution>
122.          <NormalDistributionForBN>
123.            <Mean>
124.              <Constant dataType="double">6</Constant>
125.            </Mean>
126.            <Variance>
127.              <Constant dataType="double">1</Constant>
128.            </Variance>
129.          </NormalDistributionForBN>
130.        </ContinuousDistribution>
131.      </ContinuousConditionalProbability>
132.      <ContinuousConditionalProbability>
133.        <ParentValue parent="D2" value="1"/>
134.        <ContinuousDistribution>
135.          <NormalDistributionForBN>
136.            <Mean>
137.              <Constant dataType="double">8</Constant>
138.            </Mean>
139.            <Variance>
140.              <Constant dataType="double">1</Constant>
141.            </Variance>
142.          </NormalDistributionForBN>
143.        </ContinuousDistribution>
144.      </ContinuousConditionalProbability>
145.      <ContinuousConditionalProbability>
146.        <ParentValue parent="D2" value="2"/>
147.        <ContinuousDistribution>
148.          <NormalDistributionForBN>
149.            <Mean>
```

```
150.              <Constant dataType="double">14</Constant>
151.            </Mean>
152.            <Variance>
153.              <Constant dataType="double">1</Constant>
154.            </Variance>
155.          </NormalDistributionForBN>
156.        </ContinuousDistribution>
157.      </ContinuousConditionalProbability>
158.    </ContinuousNode>
159.    <!--   -->
160.    <ContinuousNode name="C4">
161.    <ContinuousConditionalProbability>
162.      <ContinuousDistribution>
163.        <NormalDistributionForBN>
164.          <Mean>
165.            <Apply function="+">
166.            <Apply function="*">
167.              <Constant dataType="double">0.1</Constant>
168.              <Apply function="pow">
169.                <FieldRef field="C2"/>
170.                <Constant dataType="integer">2</Constant>
171.              </Apply>
172.            </Apply>
173.            <Apply function="+">
174.              <Apply function="*">
175.                <Constant dataType="double">0.6</Constant>
176.                <FieldRef field="C2"/>
177.              </Apply>
178.              <Constant dataType="integer">1</Constant>
179.            </Apply>
```

```
180.            </Apply>
181.          </Mean>
182.          <Variance>
183.            <Constant dataType="double">2</Constant>
184.          </Variance>
185.        </NormalDistributionForBN>
186.      </ContinuousDistribution>
187.      </ContinuousConditionalProbability>
188.    </ContinuousNode>
189.    <!--  -->
190.    <ContinuousNode name="C3">
191.      <ContinuousConditionalProbability>
192.        <ParentValue parent="D3" value="0"/>
193.        <ContinuousDistribution>
194.          <NormalDistributionForBN>
195.            <Mean>
196.              <Apply function="*">
197.                <Constant dataType="double">0.15</Constant>
198.                <Apply function="pow">
199.                  <FieldRef field="C2"/>
200.                  <Constant dataType="integer">2</Constant>
201.                </Apply>
202.              </Apply>
203.            </Mean>
204.            <Variance>
205.              <Constant dataType="double">2</Constant>
206.            </Variance>
207.          </NormalDistributionForBN>
208.        </ContinuousDistribution>
209.      </ContinuousConditionalProbability>
```

```
210.        <ContinuousConditionalProbability>
211.          <ParentValue parent="D3" value="1"/>
212.          <ContinuousDistribution>
213.            <NormalDistributionForBN>
214.              <Mean>
215.                <Apply function="*">
216.                  <Constant dataType="double">1.5</Constant>
217.                  <FieldRef field="C2"/>
218.                </Apply>
219.              </Mean>
220.              <Variance>
221.                <Constant dataType="double">1</Constant>
222.              </Variance>
223.            </NormalDistributionForBN>
224.          </ContinuousDistribution>
225.        </ContinuousConditionalProbability>
226.      </ContinuousNode>
227.      <!--  -->
228.      <DiscreteNode name="D4">
229.        <DerivedField name="C3_Discretized" optype="categorical" dataType="string">
230.          <Discretize field="C3">
231.            <DiscretizeBin binValue="0">
232.              <Interval closure="openClosed" rightMargin="9"/>
233.            </DiscretizeBin>
234.            <DiscretizeBin binValue="1">
235.              <Interval closure="openClosed" leftMargin="9" rightMargin="11"/>
236.            </DiscretizeBin>
237.            <DiscretizeBin binValue="2">
238.              <Interval closure="openOpen" leftMargin="11"/>
239.            </DiscretizeBin>
```

```
240.        </Discretize>
241.      </DerivedField>
242.      <DiscreteConditionalProbability>
243.        <ParentValue parent="D3" value="0"/>
244.        <ParentValue parent="C3_Discretized" value="0"/>
245.        <ValueProbability value="0" probability="0.4"/>
246.        <ValueProbability value="1" probability="0.6"/>
247.      </DiscreteConditionalProbability>
248.      <DiscreteConditionalProbability>
249.        <ParentValue parent="D3" value="0"/>
250.        <ParentValue parent="C3_Discretized" value="1"/>
251.        <ValueProbability value="0" probability="0.3"/>
252.        <ValueProbability value="1" probability="0.7"/>
253.      </DiscreteConditionalProbability>
254.      <DiscreteConditionalProbability>
255.        <ParentValue parent="D3" value="0"/>
256.        <ParentValue parent="C3_Discretized" value="2"/>
257.        <ValueProbability value="0" probability="0.6"/>
258.        <ValueProbability value="1" probability="0.4"/>
259.      </DiscreteConditionalProbability>
260.      <DiscreteConditionalProbability>
261.        <ParentValue parent="D3" value="1"/>
262.        <ParentValue parent="C3_Discretized" value="0"/>
263.        <ValueProbability value="0" probability="0.4"/>
264.        <ValueProbability value="1" probability="0.6"/>
265.      </DiscreteConditionalProbability>
266.      <DiscreteConditionalProbability>
267.        <ParentValue parent="D3" value="1"/>
268.        <ParentValue parent="C3_Discretized" value="1"/>
269.        <ValueProbability value="0" probability="0.1"/>
```

```
270.            <ValueProbability value="1" probability="0.9"/>
271.        </DiscreteConditionalProbability>
272.        <DiscreteConditionalProbability>
273.          <ParentValue parent="D3" value="1"/>
274.          <ParentValue parent="C3_Discretized" value="2"/>
275.          <ValueProbability value="0" probability="0.3"/>
276.          <ValueProbability value="1" probability="0.7"/>
277.        </DiscreteConditionalProbability>
278.      </DiscreteNode>
279.    </BayesianNetworkNodes>
280.  </BayesianNetworkModel>
281. </PMML>
```

设 N_{obs}、$\overline{N}_{obs}$ 和 D 分别表示观测到的变量集合、未观测到的变量集合以及获得的新数据。前面我们讲过，根据贝叶斯定理可知：

$$P(\overline{N}_{obs}|N_{obs}=D)\propto P(N_{obs}=D|\overline{N}_{obs})P(\overline{N}_{obs})$$

在这里，D_4、C_4 是观测到的变量（也就是输入变量），设 $D_4=0$，$C_4=7$，那么其他变量的后验概率可以通过贝叶斯定理推导出来，如下：

$$P(D_1,D_2,D_3,C_1,C_2,C_3|D_4=0,C_4=7)\propto P(D_4=0,C_4=7|D_1,D_2,D_3,C_1,C_2,C_3)P(D_1,D_2,D_3,C_1,C_2,C_3)$$

根据上面的模型信息，我们可以计算出 D_1、D_2、D_3 的后验概率，见表3-2。

表3-2　计算结果

变量		先验概率（Prior）	后验概率（Posterior）
D_1	$D_1=0$	0.3	0.316
	$D_1=1$	0.7	0.683
D_2	$D_2=0$	0.6	0.847
	$D_2=1$	0.3	0.153
	$D_2=2$	0.1	0
D_3	$D_3=0$	0.535	0.437
	$D_3=1$	0.465	0.563

采用类似处理方式，也可以计算出连续型节点（变量）C_1、C_2、C_3 的先验和后验分布参数。由于模型中这三个变量的分布均为正态分布（NormalDistributionForBN），所以主要计算它们的均值和方差这两个参数。如图3-9 ～图3-11所示。

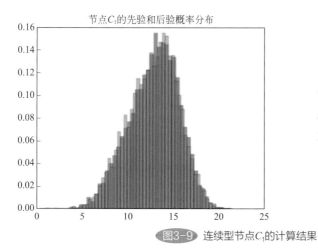

C_1	先验值	后验值
均值	12.792	12.717
方差	7.432	7.344

图3-9 连续型节点C_1的计算结果

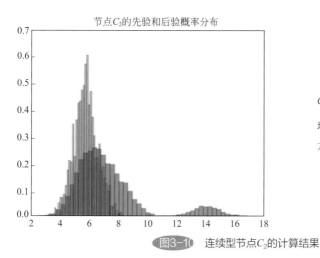

C_2	先验值	后验值
均值	7.368	5.727
方差	6.408	0.704

图3-10 连续型节点C_2的计算结果

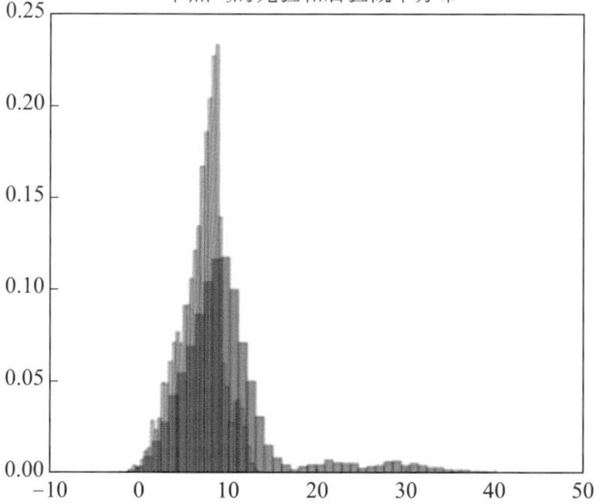

节点C_3的先验和后验概率分布

C_3	先验值	后验值
均值	10.257	6.941
方差	42.626	6.104

图3-11 连续型节点C_3的计算结果

4 基线模型 BaselineModel

4.1 基线模型的基础知识

4.1.1 一般基线模型的概念

当我们遇到一个数据科学的问题（如分类或回归预测）时，可能首先想到的是创建一个"真正的"挖掘模型，无论这个模型是分类的，还是回归的，如贝叶斯网络模型、支持向量机SVM、神经网络模型等。可是在实际应用中，是否真的有必要这样做吗？进一步讲，如果创建了一个挖掘模型，那如何判定这个挖掘模型的性能就是最好的？

鉴于此，我们需要一个"基线模型"，这个基线模型不仅能够较好地解决问题，同时也是判断其他机器学习模型（挖掘模型）性能好坏的基础。也就是说，这个基线模型就是在不知道任何机器学习或数据挖掘知识的情况下，通过简单的、易于理解的方法进行预测，进而解决数据问题的模型。它让我们清楚地知道解决这个问题的底线在哪里，也为我们提供了一个可以接受其他机器学习模型的最低的衡量标准。所以，基线模型也可以称为"底线模型"。

假如你不了解有监督学习、无监督学习或者深度学习，那么如何解决遇到的数据科学问题呢？不使用或很少使用机器学习算法解决数据问题的基础当然就是统计分析或者一般的线性回归等模型，它们是基线模型的基础。比如，在一个猜硬币正反面的游戏中，最朴素的策略就是一直猜正面（或者反面），因为这样至少有50%的准确率。如果认为基线模型不够好，我们可能需要开发出更复杂的挖掘模型。如果这个模型的评分（性能）比基线模型好，那么就可以认为它是一个好的模型；否则如果这个模型的性能低于基线模型，那么就不是一个好的模型，或者这个模型不适合我们的问题。

图4-1所示为基线模型与其他挖掘模型的关系。

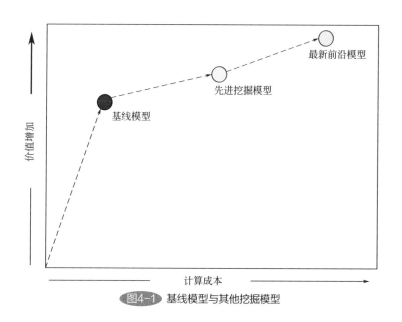

图4-1 基线模型与其他挖掘模型

常见的基线模型例子包括：

◇众数模型　对于分类问题，总是预测为训练数据中最常见的类别；
◇最大优先级模型　对于分类问题，总是预测具有最大优先级的类别；
◇均匀模型　对于分类问题，随机均匀地生产一个预测类别；
◇中位数模型　对于回归预测问题，总是以训练数据集中的中位数为预测结果；
◇均值模型　对于回归预测问题，总是以训练数据集中的平均数为预测结果。

总而言之，基线模型是一个能够较好地解决一个数据科学的问题并且相对稳定的模型。

4.1.2　PMML规范中的基线模型

在PMML规范中，基线模型与上面的"基线模型"有一定的区别。PMML规范中的基线模型是用来检测观测对象是否发生变化的。

数据挖掘或机器学习中的一个重要问题是检测大数据集的变化。目前尽管已经开发了各种变化检测算法，但是在实践中，由于数据的异质性，将这些算法应用到大数据集时仍然面临很多挑战：

● 面临大数据量，内容复杂，并且是分布式的数据流；
● 数据集涉及多个维度，每个维度都可以以微妙的、难以量化表达的方式影响或修改数据；
● 研究对象非常复杂，建立一个较高准确性的模型几乎是不可能的。

例如，今天某个大型商户的信用卡付款情况是不是不同于平常（基线情形）？由于信用卡支付涉及持卡人、商户、收单机构（为商户提供服务的银行或机构）、转接清算机构（银联、VISA等组织）、发卡机构（信用卡银行）等众多组织和环节，所以信用卡支付异常往往是一个复杂的事件，要建立一个完整、一致、兼顾各个环节的、高准确率的模型非常困难。如果我们的关注点在于既定流程的异常变化，则可以把检测到的数据视为实时的事件流，就可以通过变化检测模型来实现对信用卡付款情况是否异常的判断。

基线模型用于变化检测时涉及各种比较指标，这些指标包括：

➢ 与基于分析属性预期行为（状态）的偏差，例如广义似然比（GLR，Generalized Likelihood Ration）；
➢ 从数据集中通过测量或经验导出的行为，例如Z检验（z-test）、各种离散分布；
➢ 分析和经验信息的综合使用，例如累积和控制图CUSUM(Cumulative Sum Control Chart)等。

最常见的情况是使用从遵从基线模型的样本数据中推导出的参数，根据参数的变化可以回答基线样本在多大程度上代表了"正常"（不变）行为。图4-2是一个变化检测的示例图。

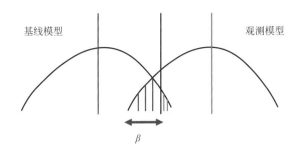

1. 给定一个事件序列$X[1]$、$X[2]$、$X[3]\cdots$
2. 两个不同的分布
3. 问题：正在被观测的分布是否与基线分布不同？

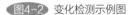 图4-2 变化检测示例图

在PMML规范中，使用基线模型元素（BaselineModel）来表达变化检测。这个元素包含了五种和统计相关的"基线模型"，分别是：

➤ 标准正态化值z-Value(zValue)；
➤ 卡方独立性检验(chiSquareIndependence)；
➤ 卡方分布检验(chiSquareDistribution)；
➤ 累积和控制图(CUSUM)；
➤ 向量标量积(scalarProduct)。

（1）标准正态化值z-Value

又称为z值。z值代表了以标准差为单位，原始样本值（测量值）与总体平均值之间的距离，它刻划原始样本值在一批数据（数据集）中的相对位置。计算公式如下：

$$z = \frac{x - \mu}{\sigma}$$

式中，μ是总体的平均值；σ为总体的标准差。

在原始样本值低于平均值时，z值为负数，反之则为正数。z值是一种与"正常"总体进行比较的方法，是判断一个个体样本值是否偏离正常总体的一种方法。对于服从正态分布的随机变量，按照统计学中经典的3σ准则，异常值通常为3个标准差之外的变量值。也就是说，如果变量的一个样本值的z值大于3或小于-3，即在z值的绝对值大于3的情况下，则认为这个样本值属于异常值。

（2）卡方独立性检验chiSquareIndependence

卡方独立性检验chiSquareIndependence是一种两个分类随机变量交叉分组下的频数分析，又称为列联表分析。通过构造频数交叉列联表（Contingency table），使用假设检验方法来判断两个分类随机变量不同取值下的联合分布特征，进而分析变量之间的相互影响和关系。表4-1为一个简单的统计某个班级学生之中性别和左右手习惯的列联表样

例，中间单元的数值表示学生人数。数据来自维基百科（https://www.wikipedia.org/）。

表4-1　列联表样例

左右手习惯 学生性别	右手	左手	行总计
男	43	9	52
女	44	4	48
列总计	87	13	100

在表4-1中，学生性别称为"行变量"，左右手习惯称为"列变量"。行标题和列标题分别是两个变量的变量取值（或分组值），中间单元格的数值表示的是学生人数（观测频数）。"列总计"和"行总计"分别表示列边缘分布和行边缘分布。

为了更好地使用，我们还可以对表4-1做进一步加工处理，添加各种百分比，如表4-2所示。

表4-2　详细的列联表样例

分类			左右手习惯		行总计
			左手	右手	
学生 性别	男	人数	43	9	52
		性别给定	82.7%	17.3%	100%
		习惯给定	49.4%	69.2%	52%
		占总计	43%	9%	52%
	女	人数	44	4	48
		性别给定	91.7%	8.3%	100%
		习惯给定	50.6%	30.8%	48%
		占总计	44%	4%	48%
列总计		人数	87	13	100
		性别给定	87%	13%	100%
		习惯给定	100%	100%	100%
		占总计	87%	13%	100%

对交叉列联表中的行变量和列变量之间的关系分析是卡方独立性检验的主要任务，其目标是分析两者之间是否有关系以及关系的紧密程度等深层次的信息。由于观测频数分散在各个不同的单元中，所以需要借助统计学中非参数检验方法和度量变量间相关程度的统计量等技术进行分析。这里采用的技术是卡方检验。

我们先简单说明一下卡方分布。

若 n 个相互独立的随机变量 X_1、X_2……X_n 均服从标准正态分布，则这 n 个服从标准正态分布的随机变量的平方和构成一个新的随机变量 X，即：

$$X = \sum_{i=1}^{n} X_i^2$$

被称为服从自由度为 n 的卡方分布，记作

$$X \sim \chi^2(n)$$

当我们对两个分类变量制作了列联表后，就可以构造如下的卡方统计量：

$$\chi^2((r-1)(c-1)) = \sum_{i=1}^{r} \sum_{j=c}^{c} \frac{(f_{ij}^o - f_{ij}^e)^2}{f_{ij}^e}$$

这是一个服从自由度为 $(r-1)(c-1)$ 的卡方分布。

式中，r 为列联表行数；c 为列联表的列数；f_{ij}^o 表示第 i 行，第 j 列对应的单元格中实际观测到的频数（Observed Count），即列联表中间单元格的计数值；f_{ij}^e 表示第 i 行，第 j 列对应的某个单元格中期望的频数（Expected Count）。

期望频数 f_{ij}^e 的计算公式如下：

$$f_{ij}^e = \frac{RT}{n} \times \frac{CT}{n} \times n = \frac{RT \times CT}{n}$$

式中，RT 表示一个单元格所在行的观测频数总和（相当于行变量固定某个值时的行总计）；CT 表示一个单元格所在列的观测频数总和（相当于列标量固定某个值时的列总计）；n 为观测频数的总计。

期望频数 f_{ij}^e 反映的是行、列变量互不相关情况下的分布，说明了两者之间的关系是相互独立的。这样，在实际观测频数 f_{ij}^o、期望观测频数 f_{ij}^e 确定之后，就可以计算出卡方统计量 χ^2 了。下面是假设检验的一般流程步骤：

第一步，建立原假设 H_0（零假设）和备选假设 H_1。

卡方独立性检验的原假设 H_0：行、列变量相互独立，两者不相关。

卡方独立性检验的备选假设 H_1：行、列变量之间不是相互独立的，两者有一定的关系。

第二步，计算检验统计量（卡方统计量 χ^2）发生的概率。在认为原假设成立的条件下，按照上面给定的公式计算期望频数，进而计算出卡方统计量 χ^2 的具体值（卡方分布观测值）。并根据服从自由度为 $(r-1)(c-1)$ 的卡方分布，推算出观测值发生的概率。这个概率称为相伴概率，或者 P 值。

第三步，设定显著性水平 α，根据 P 值进行决策。显著性水平 α 代表了原假设为真，却将其拒绝的风险，即"弃真"的概率，也就是不拒绝原假设正确的可能性（概率）为 $1-\alpha$。通常设为 0.05 或者 0.025 或者 0.01。如果 P 值小于设定的显著性水平 α，则认为如果此时拒绝原假设，出现错误的可能性（概率）将小于显著性水平 α，低于预先设定的

控制水平。所以，此时认为原假设不成立，即认为行、列变量不是相互独立的，是有一定关系的。反之，如果 P 值大于或等于设定的显著性水平 α，则不应拒绝原假设。

上面就是 PMML 规范中，关于卡方独立性检验 chiSquareIndependence 的有关知识。关于假设检验更详细的内容这里不再赘述，请读者参考相关资料。

（3）卡方分布检验 chiSquareDistribution

卡方分布检验 chiSquareDistribution 也是一种非常典型的非参数假设检验方法，它的目标在于根据一个样本数据集，推断总体分布形态。是一种吻合性检验，适合于包含多个值的分类型变量的总体分布检验。它的目标是根据样本数据集的实际频数推断总体分布与期望分布（基线分布）是否有显著差异。

它的原假设（零假设）H_0：样本来自的总体分布形态和期望分布或某一理论分布没有显著差异。

卡方分布检验的原理是：如果从一个随机变量 X 中随机抽取若干个观测样本，这些观测样本落在 X 的 k 个互不相交的子分组中的观测频数服从一个多项式分布，那么这个多项式分布当 k 趋于无穷时，就近似服从 X 的总体分布。基于这一思想，对变量 X 总体分布的检验就可以从对各个观测频数的分析开始。

参考上面卡方独立性检验的知识，可以推出：在给定的目标期望分布（基线分布）的情况下，在 X 取不同分类值时，其分类概率乘以样本总数量就可以得到期望观测频数 f^e。而随机变量 X 的每个取值下的观测频数 f^0 可以通过样本数据集计数获得。则可以根据这些信息构造如下卡方统计量：

$$\chi^2(k-1) = \sum_{i=1}^{k} \frac{(f_i^o - f_i^e)^2}{f_i^0}$$

这是一个服从自由度为（k-1）的卡方分布。

式中，k 为子分组的个数；f_i^o 表示第 i 个子分组中实际观测到的频数；f_i^e 表示第 i 个子分组中的期望频数。

至此，卡方分布检验 chiSquareDistribution 的主要工作就完成了。后面的假设检验流程与上面讲述的卡方独立性检验流程完全一样，这里不再赘述。

（4）累积和控制图 CUSUM

累积和控制图 CUSUM(Cumulative sum control chart) 是由 Ewan Stafford Page(英国计算机科学家) 发明的序列分析技术。这种技术通常用来监控变化检测，并根据一定的逻辑规则对变化适时采取预防措施。它是休哈特控制图（Shewhart control chart）的一种较好的替代方案，它可以更快速地检查某个过程的偏移变化，是一种更有效地检测某个流程（基线过程）平均值变动的技术。

我们假设流程符合正态分布（高斯分布）。通常情况下，CUSUM 控制图监视单个观测值结果（X 值）或子分组平均值（$\bar{X}$ 值）与目标值（如均值 μ）的偏差，而累积和就是多个序列观测值与目标值的偏差的总和。假如我们有 m 组样本，每组样本数为 n（最小值为1），可以计算出每组样本的均值为 $\bar{x}_i$，则下式为CUSUM控制图中的一个点的值：

$$S_m = \frac{1}{\sigma} \sum_{i=1}^{m} (\bar{x}_i - \mu)$$

式中，σ 为符合正态分布流程的标准差；μ 为符合正态分布流程的均值。

对于其他分布，如泊松分布、均匀分布等，处理方法类似。

要正确地使用CUSUM控制图，需要确认以下两个问题：

➤ 需要确定检测变化的总偏差值（即与目标值的偏差和），通常设为0.5或1倍的标准差；

➤ 需求确定采取行动时的极限值，通常可以设置为标准差的4倍。

CUSUM控制图不断地跟踪、记录观测值与目标值的偏差和。遇到一个样本时，如果计算的偏差和在允许范围内，则认为流程是可控的；反之，则认为当前流程开始偏离目标。如图4-3所示。

在PMML规范中，累积和的计算方法与上面不同，采用的是广义似然比率的指标。

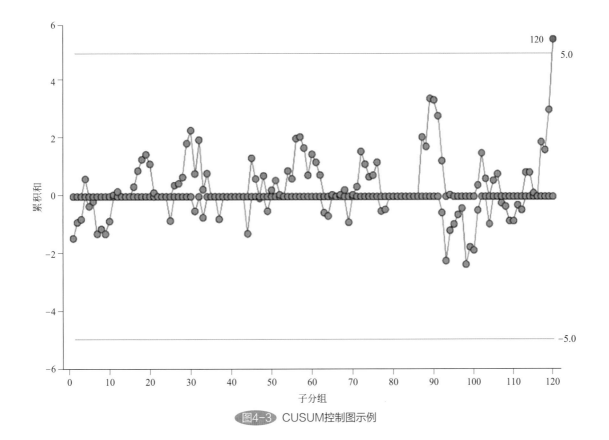

图4-3 CUSUM控制图示例

假定现在我们有两个总体分布，其概率密度函数分别为$f_0(x)$和$f_1(x)$。其中$f_0(x)$代表一个正常的流程（基线流程），$f_1(x)$代表一个偏离正常目标的流程。设r为重置值（默认为0），函数$g(x)$为两个概率密度函数比率（似然比）的对数值，即：

$$g(x) = \log \frac{f_1(x)}{f_0(x)}$$

则给定一系列事件，事件以特征数据$x[0]$、$x[1]$、$x[2]$…表示，则在PMML规范中，CUSUM（以Z表示）的计算公式如下：

$$Z[-1] = 0$$
$$Z[i] = max\{r, Z[i-1] + g(x[i])\}$$

判断原理与上面类似，在实际使用时，需要确定一个阈值，并且$Z[i]$不断与阈值进行比较。这样在给定一系列事件后，就可以尽可能快地确定事件是符合正常流程$f_0(x)$还是$f_1(x)$分布。

（5）向量标量积scalarProduct

在数学中，向量标量积也称为数量积、内积、点积或点乘，是一种实数域R上的两个向量相乘并返回一个实数值标量的二元运算。计算公式如下：

$$\vec{a} \cdot \vec{b} = |\vec{a}||\vec{b}|\cos\theta = \sum_{i=1}^{n} a_i b_i$$

式中，$\vec{a}$、$\vec{b}$表示两个向量；a_i、b_i表示向量$\vec{a}$、$\vec{b}$的分量，i从1到n（向量的维度数目）；$\cos\theta$是向量$\vec{a}$、$\vec{b}$之间的夹角θ的余弦；$|\vec{a}|$、$|\vec{b}|$分别表示向量$\vec{a}$、$\vec{b}$的模（即向量的长度）。向量的模的计算公式如下：

$$|\vec{a}| = \sqrt{\sum_{i=1}^{n} a_i^2}$$

在PMML规范中，向量标量积scalarProduct表示的是两个向量的夹角余弦值$\cos\theta$，即：

$$\cos\theta = \frac{\vec{a} \cdot \vec{b}}{|\vec{a}||\vec{b}|} = \frac{\sum_{i=1}^{n} a_i b_i}{|\vec{a}||\vec{b}|}$$

我们知道，如果两个向量垂直，即夹角$\theta=90°$，则余弦$\cos\theta=0$；如果夹角$\theta=0°$，则余弦$\cos\theta=1$，意味着两个向量平行。所以经常用两个向量的夹角余弦值来表示两个向量$\vec{a}$、$\vec{b}$的相似程度，或者表示一个向量$\vec{a}$相对于另外一个"基线向量"$\vec{b}$的变化程度。

4.2　基线模型元素BaselineModel

在PMML规范中，基线模型元素BaselineModel就是用来表达上面提到五种与统计相关的"基线模型"的。在实际应用（评分）过程中，只需要把实际观测到的数据以及可能设定的参数与元素BaselineModel中描述的"基线模型"进行对应的检验就可以做出相应的决策。

在PMML规范中，基线模型元素BaselineModel的定义如下：

```
1.  <xs:element name="BaselineModel">
2.    <xs:complexType>
3.     <xs:sequence>
4.      <xs:element ref="Extension" minOccurs="0" maxOccurs="unbounded"/>
5.      <xs:element ref="MiningSchema"/>
6.      <xs:element ref="Output" minOccurs="0"/>
7.      <xs:element ref="ModelStats" minOccurs="0"/>
8.      <xs:element ref="ModelExplanation" minOccurs="0"/>
9.      <xs:element ref="Targets" minOccurs="0"/>
10.     <xs:element ref="LocalTransformations" minOccurs="0"/>
11.     <xs:element ref="TestDistributions"/>
12.     <xs:element ref="ModelVerification" minOccurs="0"/>
13.     <xs:element ref="Extension" minOccurs="0" maxOccurs="unbounded"/>
14.    </xs:sequence>
15.    <xs:attribute name="modelName" type="xs:string" use="optional"/>
16.    <xs:attribute name="functionName" type="MINING-FUNCTION" use="required"/>
17.    <xs:attribute name="algorithmName" type="xs:string" use="optional"/>
18.    <xs:attribute name="isScorable" type="xs:boolean" use="optional" default="true"/>
19.   </xs:complexType>
20. </xs:element>
```

一个基线模型元素BaselineModel包含一个由MiningSchema、Output、ModelStats、ModelExplanation、Targets、LocalTransformations、TestDistributions、ModelVerification等子元素按顺序组成的序列。除分布检验子元素TestDistributions外，其他子元素都是所有模型通用的子元素。所以本章将重点描述TestDistributions子元素。

4.2.1　模型属性

任何一个模型都可以包含modelName、functionName、algorithmName和isScorable四个属性，其中属性functionName是必选的，其他三个属性是可选的。它们具体的含义请参考第一章关联规则模型的相应部分，此处不再赘述。

这里需要注意的是属性 functionName，在基线模型中，它只能取"regression"。

基线模型没有其他特有的属性。

4.2.2 模型子元素

基线模型 BaselineModel 包含了一个特有的分布检验子元素 TestDistributions。这个子元素代表了一类分布检验的模型，它包含了一个基线分布子元素 Baseline 和备选分布子元素 Alternate，以及几个必要的属性。

在 PMML 规范中，分布检验元素 TestDistributions 的定义如下：

```
1.  <xs:element name="TestDistributions">
2.    <xs:complexType>
3.      <xs:sequence>
4.        <xs:element ref="Baseline"/>
5.        <xs:element ref="Alternate" minOccurs="0"/>
6.        <xs:element ref="Extension" minOccurs="0" maxOccurs="unbounded"/>
7.      </xs:sequence>
8.      <xs:attribute name="field" type="FIELD-NAME" use="required"/>
9.      <xs:attribute name="testStatistic" type="BASELINE-TEST-STATISTIC" use="required"/>
10.     <xs:attribute name="resetValue" type="REAL-NUMBER" default="0.0" use="optional"/>
11.     <xs:attribute name="windowSize" type="INT-NUMBER" default="0" use="optional"/>
12.     <xs:attribute name="weightField" type="FIELD-NAME" use="optional"/>
13.     <xs:attribute name="normalizationScheme" type="xs:string" use="optional"/>
14.    </xs:complexType>
15.  </xs:element>
16.
17.  <xs:simpleType name="BASELINE-TEST-STATISTIC">
18.    <xs:restriction base="xs:string">
19.      <xs:enumeration value="zValue"/>
20.      <xs:enumeration value="chiSquareIndependence"/>
21.      <xs:enumeration value="chiSquareDistribution"/>
22.      <xs:enumeration value="CUSUM"/>
23.      <xs:enumeration value="scalarProduct"/>
24.    </xs:restriction>
```

```
25.    </xs:simpleType>
26.
27.    <xs:element name="Baseline">
28.      <xs:complexType>
29.        <xs:choice>
30.          <xs:group ref="CONTINUOUS-DISTRIBUTION-TYPES" minOccurs="1"/>
31.          <xs:group ref="DISCRETE-DISTRIBUTION-TYPES" minOccurs="1"/>
32.        </xs:choice>
33.      </xs:complexType>
34.    </xs:element>
35.
36.    <xs:element name="Alternate">
37.      <xs:complexType>
38.        <xs:choice>
39.          <xs:group ref="CONTINUOUS-DISTRIBUTION-TYPES" minOccurs="1"/>
40.        </xs:choice>
41.      </xs:complexType>
42.    </xs:element>
```

分布检验元素TestDistributions包含两个子元素：一个必选的基线分布子元素Baseline，一个可选的备选分布子元素Alternate。另外，还可以具有field、testStatistic、resetValue、windowSize、weightField、normalizationScheme等几个属性。

我们先讲述一下分布检验元素TestDistributions的几个属性：

➤ 属性field，必选属性，指定了基线模型中使用的字段名称；

➤ 属性testStatistic，必选属性，指定了进行基线检验时所使用的统计变量类型，是一个类型BASELINE-TEST-STATISTIC的值，可选下面5个值之一：

● zValue, z值（z-Value），即标准正态化值；
● chiSquareIndependence，卡方独立性检验；
● chiSquareDistribution，卡方分布检验；
● CUSUM，累积和控制图；
● scalarProduct，向量标量积。

需要注意的是，如果testStatistic="CUSUM"，则必须指定备选分布子元素Alternate，否则不能使用这个子元素。

我们在本章前面的内容中，对这些知识都做过介绍，这里不再赘述。

➤ 属性resetValue，可选属性。只有属性testStatistic="CUSUM"时，这个属性才有意义，此时，resetValue指定了CUSUM计算公式中的重置值，默认值为0.0。

➤ 属性 windowSize，可选属性。它指定了基线模型使用多少当前记录之前的数据。默认值为 0，表示使用当前记录之前的所有数据。注意：此属性对 "zValue" 统计量没有任何影响，因为该统计量不需要使用以前的值来计算。

➤ 属性 weightField，可选属性。只有属性 testStatistic= "scalarProduct" 时，这个属性才有意义。此时，本属性将指向一个挖掘字段 MiningField 或派生字段 DerivedField，其值可用于对应观测记录的权重。如果没有提供此属性，则所有观测记录都被赋予相同的权重。

➤ 属性 normalizationScheme，可选属性。只有属性 testStatistic= "scalarProduct" 时，这个属性才有意义，此时本属性将指定是否标准化向量的标量积。如果没有设置此属性，则不作任何标准化处理；如果 normalizationScheme= "Independent"，则对标量积进行标准化，即使其值在 [0,1] 之间，而标准化因子就是两个向量模的乘积（见本章前面关于 "向量标量积 scalarProduct" 的内容）。通常会设置 normalizationScheme= "Independent"。

分布检验元素 TestDistributions 除了以上 5 个属性外，还包括两个子元素：一个必选的基线分布子元素 Baseline，一个可选的备选分布子元素 Alternate。基线分布子元素 Baseline 可以选择包含一个类型为 CONTINUOUS-DISTRIBUTION-TYPES（连续型基线分布）的组元素，或者一个类型为 DISCRETE-DISTRIBUTION-TYPES（离散型基线分布）的组元素；而可选的备选分布子元素 Alternate 一旦出现，只能包含一个类型为 CONTINUOUS-DISTRIBUTION-TYPES 的组元素。

在基线模型元素 BaselineModel 创建过程中，分布检验子元素 TestDistributions 的具体内容取决于是指定了连续型基线模型，还是离散型基线模型。下面我们针对这两种情况分别详细描述一下分布检验元素 TestDistributions 的具体内容。

（1）连续型基线模型

对于连续型基线模型的情况，分布检验元素 TestDistributions 可以包含一个或两个统计分布的信息。如果只有一个统计分布，则一定是原假设（零假设）所需的信息，且存放在基线分布子元素 Baseline 中；如果有两个统计分布，则基线分布子元素 Baseline 仍然存放原假设所需的信息，备选分布子元素 Alternate 则存放备选假设所需的信息。

组元素 CONTINUOUS-DISTRIBUTION-TYPES 在 PMML 规范中的定义如下：

```
1.  <xs:group name="CONTINUOUS-DISTRIBUTION-TYPES">
2.    <xs:sequence>
3.      <xs:choice>
4.        <xs:element ref="AnyDistribution"/>
5.        <xs:element ref="GaussianDistribution"/>
6.        <xs:element ref="PoissonDistribution"/>
7.        <xs:element ref="UniformDistribution"/>
8.      </xs:choice>
9.      <xs:element ref="Extension" minOccurs="0" maxOccurs="unbounded"/>
```

```
10.    </xs:sequence>
11.  </xs:group>
12.
13.  <xs:element name="AnyDistribution">
14.    <xs:complexType>
15.      <xs:sequence>
16.        <xs:element ref="Extension" minOccurs="0" maxOccurs="unbounded"/>
17.      </xs:sequence>
18.      <xs:attribute name="mean" type="REAL-NUMBER" use="required"/>
19.      <xs:attribute name="variance" type="REAL-NUMBER" use="required"/>
20.    </xs:complexType>
21.  </xs:element>
22.
23.  <xs:element name="GaussianDistribution">
24.    <xs:complexType>
25.      <xs:sequence>
26.        <xs:element ref="Extension" minOccurs="0" maxOccurs="unbounded"/>
27.      </xs:sequence>
28.      <xs:attribute name="mean" type="REAL-NUMBER" use="required"/>
29.      <xs:attribute name="variance" type="REAL-NUMBER" use="required"/>
30.    </xs:complexType>
31.  </xs:element>
32.
33.  <xs:element name="PoissonDistribution">
34.    <xs:complexType>
35.      <xs:sequence>
36.        <xs:element ref="Extension" minOccurs="0" maxOccurs="unbounded"/>
37.      </xs:sequence>
38.      <xs:attribute name="mean" type="REAL-NUMBER" use="required"/>
39.    </xs:complexType>
40.  </xs:element>
41.
42.  <xs:element name="UniformDistribution">
43.    <xs:complexType>
44.      <xs:sequence>
45.        <xs:element ref="Extension" minOccurs="0" maxOccurs="unbounded"/>
46.      </xs:sequence>
47.      <xs:attribute name="lower" type="REAL-NUMBER" use="required"/>
```

```
48.      <xs:attribute name="upper" type="REAL-NUMBER" use="required"/>
49.    </xs:complexType>
50.  </xs:element>
```

从这个定义中可以看出，组元素CONTINUOUS-DISTRIBUTION-TYPES可以包含下面一种分布形式：

- AnyDistribution，任意分布形式；
- GaussianDistribution，高斯分布（即正态分布）；
- PoissonDistribution，泊松分布；
- UniformDistribution，均匀分布。

除任意分布形式AnyDistribution外，其他三种形式分布以各自的分布参数表示。如高斯分布GaussianDistribution以均值mean、方差variance表示；泊松分布PoissonDistribution以均值mean表示，而均匀分布UniformDistribution则以下限lower和上限upper表示。

任意分布形式AnyDistribution用来表示任何一种分布形式。从通用性考虑，这种分布形式以均值mean、方差variance表示。

例子1：下面的代码给出了一个例子。这个例子是利用CUSUM统计量来实现变化检测的例子。请看代码：

```
1.  <BaselineModel modelName="geo-cusum" functionName="regression">
2.    <MiningSchema>
3.      <MiningField name="congestion-score" optype="continuous"/>
4.      <MiningField name="cusum-score" optype="continuous" usageType="target"/>
5.    </MiningSchema>
6.
7.    <TestDistributions field="congestion-score" testStatistic="CUSUM" resetValue="0.0">
8.      <Baseline>
9.        <GaussianDistribution mean="550.2" variance="48.2"/>
10.     </Baseline>
11.     <Alternate>
12.       <GaussianDistribution mean="460.4" variance="39.2"/>
13.     </Alternate>
14.   </TestDistributions>
15.
16.  </BaselineModel>
```

在这个基线模型的例子中，有两个高斯分布的信息（分别以各自的均值mean和方差variance表示）。其中基线分布子元素Baseline存储了"正常行为"的分布（基线），备选分布子元素Alternate存储了"异常行为"的分布。而检验分布子元素TestDistributions的属性field则指定了将要进行检验的字段"congestion-score"。

从假设检验的角度看，在给定一个新的事件流（新数据集，即congestion-score字段），根据模型提供的分布参数和前面讲过的CUSUM计算公式计算累积和，尽可能快地实现决策：新的数据集是否背离了"正常行为"。

例子2：使用标准正态化值z-Value的基线模型。如果基线模型只是一个单一分布的简单变量，可以对一个字段进行z-Value转换。经过这种标准化之后的值，就可以与一个设定的阈值进行比较，看看是否与分布的均值保持一致。

本例对应的PMML代码如下：

```
1.  <BaselineModel modelName="standard-score" functionName="regression">
2.    <MiningSchema>
3.      <MiningField name="defects" optype="continuous"/>
4.      <MiningField name="score" optype="continuous" usageType="target"/>
5.    </MiningSchema>
6.
7.    <Output>
8.      <OutputField name="alert" optype="categorical" dataType="string" feature="decision">
9.        <Apply function="if">
10.         <Apply function="greaterThan">
11.           <FieldRef field="score"/>
12.           <Constant dataType="double">1</Constant>
13.         </Apply>
14.         <!-- Then case -->
15.         <Constant dataType="string">True</Constant>
16.         <!-- Else case -->
17.         <Constant dataType="string">False</Constant>
18.       </Apply>
19.     </OutputField>
20.   </Output>
21.
22.   <TestDistributions field="defects" testStatistic="zValue">
```

```
23.        <Baseline>
24.          <GaussianDistribution mean="18.2" variance="17.64"/>
25.        </Baseline>
26.      </TestDistributions>
27.
28.    </BaselineModel>
```

在这个例子中，与新数据关联的字段是"defects"。通过这个基线模型可以把这个字段的原始值转换为标准的z-Value值。假如现在defects=24，那么，根据本章前面的内容可以指定，标准化的z-Value值为：

$$new\_defects = \frac{(defects-mean)}{sqrt(variance)} = \frac{(24-18.2)}{sqrt(17.64)} = 1.38$$

如果按照统计学中经典的3σ准则，可以认为defects=24仍然处于正常范围内。在实际应用中，应用系统可以根据需要自行设定这个阈值。

（2）离散型基线模型

对于离散型基线模型的情况，将包含一个基线分布子元素Baseline，而它将包含一个类型为组元素DISCRETE-DISTRIBUTION-TYPES的子元素。它不再使用统计分布参数，而是使用下面三种方式之一来表示一个基线模型：

➢ 一个计数表元素CountTable；
➢ 一个规范化计数表元素NormalizedCountTable；
➢ 至少两个字段引用子元素FieldRef。

组元素DISCRETE-DISTRIBUTION-TYPES在PMML规范中的定义如下：

```
1.  <xs:group name="DISCRETE-DISTRIBUTION-TYPES">
2.    <xs:choice>
3.      <xs:element ref="CountTable"/>
4.      <xs:element ref="NormalizedCountTable"/>
5.      <xs:element ref="FieldRef" minOccurs="2" maxOccurs="unbounded"/>
6.    </xs:choice>
7.  </xs:group>
8.
9.  <xs:element name="CountTable" type="COUNT-TABLE-TYPE"/>
10.
11.  <xs:element name="NormalizedCountTable" type="COUNT-TABLE-TYPE"/>
```

```
12.
13.  <xs:complexType name="COUNT-TABLE-TYPE">
14.    <xs:sequence>
15.      <xs:element ref="Extension" minOccurs="0" maxOccurs="unbounded"/>
16.      <xs:choice>
17.        <xs:element ref="FieldValue" minOccurs="1" maxOccurs="unbounded"/>
18.        <xs:element ref="FieldValueCount" minOccurs="1" maxOccurs="unbounded"/>
19.      </xs:choice>
20.    </xs:sequence>
21.    <xs:attribute name="sample" type="NUMBER" use="optional"/>
22.  </xs:complexType>
23.
24.  <xs:element name="FieldValue">
25.    <xs:complexType>
26.      <xs:sequence>
27.        <xs:element ref="Extension" minOccurs="0" maxOccurs="unbounded"/>
28.        <xs:choice>
29.          <xs:element ref="FieldValue" minOccurs="1" maxOccurs="unbounded"/>
30.          <xs:element ref="FieldValueCount" minOccurs="1" maxOccurs="unbounded"/>
31.        </xs:choice>
32.      </xs:sequence>
33.      <xs:attribute name="field" type="FIELD-NAME" use="required"/>
34.      <xs:attribute name="value" use="required"/>
35.    </xs:complexType>
36.  </xs:element>
37.
38.  <xs:element name="FieldValueCount">
39.    <xs:complexType>
40.      <xs:sequence>
41.        <xs:element ref="Extension" minOccurs="0" maxOccurs="unbounded"/>
42.      </xs:sequence>
43.      <xs:attribute name="field" type="FIELD-NAME" use="required"/>
44.      <xs:attribute name="value" use="required"/>
45.      <xs:attribute name="count" type="NUMBER" use="required"/>
46.    </xs:complexType>
47.  </xs:element>
```

从这个定义中可以看出，计数表元素CountTable和规范化计数表元素Normalized CountTable的类型相同，都是COUNT-TABLE-TYPE类型。它们的区别在于其中的数值是否是标准化值。这个类型的元素将或者包含一个或多个字段值子元素FieldValue，或者包含一个或多个字段值计数子元素FieldValueCount。这两个子元素是提供基线模型信息的最小元素。

字段值元素FieldValue可以是自包含的，即包含一个自己的类型FieldValue子元素，也可以包含一个字段值计数子元素FieldValueCount。它有两个属性：field和value。其中字段属性field表示检验所用的字段名称，值属性value代表字段field的一个取值。

字段值计数元素FieldValueCount主要由三个属性组成：field、value和count。其中字段属性field表示检验所用的字段名称，值属性value代表字段field的一个取值，而计数属性count则代表字段filed在取特定值value时的计数数量。

下面我们举两个例子加以说明。

例子1：这个例子定义了一个向量标量积scalarProduct的基线模型。可以用来实现检测与新向量是否一致的功能。其代码如下：

```
1.  <BaselineModel modelName="website-model" functionName="regression">
2.    <MiningSchema>
3.      <MiningField name="bin" optype="categorical"/>
4.      <MiningField name="score" optype="continuous" usageType="target"/>
5.    </MiningSchema>
6.
7.    <TestDistributions field="bin" testStatistic="scalarProduct" weightField="cnt" normalizationScheme="Independent">
8.      <Baseline>
9.        <CountTable sample="262">
10.         <FieldValueCount field="bin" count="100" value="bin1"/>
11.         <FieldValueCount field="bin" count="150" value="bin2"/>
12.         <FieldValueCount field="bin" count="10" value="bin3"/>
13.         <FieldValueCount field="bin" count="2" value="bin4"/>
14.        </CountTable>
15.      </Baseline>
16.    </TestDistributions>
17.
18.  </BaselineModel>
```

在这个例子中，由于检验分布元素 TestDistributions 的属性 normalizationScheme= "Independent"，即对最终计算值要标准化。所以，按照本章前面介绍"向量标量积 scalarProduct"的内容，在给定新的数据向量，如 10、20、5、5（分别与基线模型中给定字段 field="bin" 的数据 100、150、10、2 对应）时，这两个向量的向量标量积代表的最终计算值为：

$$\cos\theta = \frac{\vec{a} \cdot \vec{b}}{|\vec{a}||\vec{b}|} = \frac{\sum_{i=1}^{n} a_i b_i}{|\vec{a}||\vec{b}|}$$

$$= \frac{100 \times 10 + 150 \times 20 + 10 \times 5 + 2 \times 5}{\sqrt{(100^2 + 150^2 + 10^2 + 2^2)} \times \sqrt{(10^2 + 20^2 + 5^2 + 5^2)}} = 0.959$$

例子 2：这是一个卡方分布检验的基线模型，其检验分布元素 TestDistributions 的属性 testStatistic="chiSquareDistribution"，表示使用卡方分布检验检测一个样本分布是否与已知的分布保持一致，或者两个分布是否相互独立。可根据前面讲解的"卡方分布检验 chiSquareDistribution"的内容可知，为了比较一个观测变量的分布与一个已知的基线分布，卡方统计量可以直接从观测到的计数与期望计数中计算出来，其自由度为观测变量的值的数量减 1。

在这里例子的代码中，展示了如何使用卡方分布检验进行一个随机变量 obsDist 和一个已知分布进行比较。在这里例子中，为了计算观测到的分布信息，使用了聚合函数 sum 来计算派生字段 obsDist。

```
1.  <BaselineModel modelName="chisquared" functionName="regression">
2.    <MiningSchema>
3.      <MiningField name="obs" optype="continuous"/>
4.      <MiningField name="bin" optype="categorical"/>
5.      <MiningField name="score" optype="continuous" usageType="target"/>

6.    </MiningSchema>
7.

8.    <LocalTransformations>
9.      <DerivedField name="obsDist" optype="continuous" dataType="integer">
10.       <Aggregate field="obs" function="sum" groupField="bin"/>
11.     </DerivedField>
12.   </LocalTransformations>
13.

14.   <TestDistributions field="obsDist" testStatistic="chiSquareDistribution">
15.     <Baseline>
```

```
16.        <CountTable sample="262">
17.          <FieldValueCount field="bin" count="100" value="bin1"/>
18.          <FieldValueCount field="bin" count="150" value="bin2"/>
19.          <FieldValueCount field="bin" count="10" value="bin3"/>
20.          <FieldValueCount field="bin" count="2" value="bin4"/>
21.        </CountTable>
22.      </Baseline>
23.    </TestDistributions>
24.
25. </BaselineModel>
```

例子3：这个例子使用了两个字段引用子元素FieldRef来表示一个列联表，其检验分布元素TestDistributions的属性testStatistic="chiSquareIndependence"，表示基线模型将是卡方独立性检验。

```
1.  <BaselineModel modelName="chisquared" functionName="regression">
2.    <MiningSchema>
3.      <MiningField name="Count" optype="continuous"/>
4.      <MiningField name="Animal" optype="categorical"/>
5.      <MiningField name="TimeOfDay" optype="categorical"/>
6.      <MiningField name="score" optype="continuous" usageType="target"/>
7.    </MiningSchema>
8.
9.    <TestDistributions field="Count" testStatistic="chiSquareIndependence">
10.     <Baseline>
11.       <FieldRef field="Animal"/>
12.       <FieldRef field="TimeOfDay"/>
13.     </Baseline>
14.    </TestDistributions>
15.
16. </BaselineModel>
```

4.2.3 评分应用过程

在模型生成之后，就可以应用于新数据进行评分了，也就是一个应用的过程。这里我们以一个CUSUM的实例说明基线模型的评分应用。

假设我们从一个随机变量 x 观测到一系列数据，这里假设 D_0、D_1 表示两个正态分布（高斯分布），其中：

$$D_0 \sim N(0.0, 1.0)$$
$$D_1 \sim N(1.0, 1.0)$$

我们可以创建一下基线模型来判断随机变量 x 是否符合分布 D_0 还是 D_1。

```
1.  <BaselineModel modelName="example-cusum" functionName="regression">
2.    <MiningSchema>
3.      <MiningField name="x" optype="continuous"/>
4.      <MiningField name="score" optype="continuous" usageType="target"/>
5.    </MiningSchema>
6.
7.    <TestDistributions field="x" testStatistic="CUSUM" resetValue="0.0">
8.      <Baseline>
9.        <GaussianDistribution mean="0" variance="1"/>
10.     </Baseline>
11.     <Alternate>
12.       <GaussianDistribution mean="1" variance="1"/>
13.     </Alternate>
14.   </TestDistributions>
15.
16.  </BaselineModel>
```

按照前面讲述的"累积和控制图 CUSUM"的知识，本例中 CUSUM 的计算公式为：

$$Z[-1] = 0$$
$$Z[i] = max\left\{0.0, Z[i-1] + \log \frac{D_1}{D_0}\right\}$$

每当计算的 $Z[i]$ 低于重置值（resetValue，这里为 0.0）时，直接设置 $Z[i]=0.0$。高于重置值 resetValue 的每个 Z 值的连续累加和作为实际分布与 D_1 接近的证据。也就是说，Z 值越大，表明随机变量 x 的分布越接近 D_1。

在本例中，假定我们观察到随机变量 x 的一个序列值如下：

$$x = -1, 0, 1/2, 1, 1, 1/2, -1$$

按照上面的公式可以计算顺序的 CUSUM 值序列如下：

$$Z = 0, 0, 0, 1/2, 1, 1, 0$$

5 聚类模型 ClusteringModel

5.1 聚类模型的基础知识

俗话说"物以类聚，人以群分"。聚类是一种应用最为广泛的分析方法之一，已经应用到各个领域，例如市场营销中市场细分和客户细分、电商网站中对成千上万种商品的分类等等。可以说，聚类是所有无监督学习中最重要的一种模型。

从技术角度看，聚类分析是按照某种相近程度的度量方法，把训练数据集中的数据有效地划分到不同的组别（簇）中，达到"组别数据之间的差别尽可能大，组内数据之间的差别尽可能小"的效果。所以，聚类的核心是将某些定性的相近程度的测量方法转换成定量的度量指标。

聚类算法无需了解组别信息以及组别特征即可完成划分组别的功能。由于不需要用于判断模型的分类效果的外部标准，所以聚类是一种不受外部效果监督的学习模型，属于无监督学习的算法。对于这类学习模型，事先不存在对与错的标准答案。

图5-1所示为聚类结果示意图。

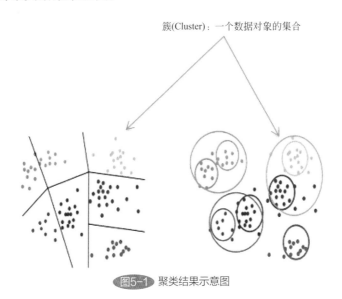

簇(Cluster)：一个数据对象的集合

图5-1 聚类结果示意图

为了实现把训练数据进行聚类的目标，就需要有度量不同样本之间关系的指标。在聚类模型中，常用的指标有两个：

◇距离，度量两个个体（样本数据）之间的距离（不相似的程度）；
◇相似度，度量两个个体（样本数据）之间的相似程度，也称为相似系数。

对于相似度或者距离的计算，针对不同的数据类型有不同的计算公式。对于连续型变量来说，常用的距离包括闵可夫斯基距离、城市街区距离、欧几里得距离等等；对于分类型变量来说，则有简单匹配系数、杰卡德相似度、tanimoto相似度等等。下面我们对这些距离或相似度概念做一个简要描述。

（1）闵可夫斯基距离（Minkowski Distance）

$$d_{ij} = \sqrt[p]{\sum_{k=1}^{n} |x_{ik} - x_{jk}|^p}$$

式中，x_{ik}、x_{jk} 分别为变量 x_i、x_j 的第 k 个属性（分量），p 为参数，理论上可以取任意值。

从上面的公式来看，闵可夫斯基距离公式是一个范式。两个给定变量之间的距离会随着参数 p 的变化而变化。

（2）城市街区距离（CityBlock Distance）

也称为街区距离（Block Distance）、马哈顿距离（Manhattan Distance）、棋盘距离（Chess Board Distance）。它是闵可夫斯基距离公式中参数 $p=1$ 时的特殊形式。此时，城市街区距离公式如下：

$$d_{ij} = \sum_{k=1}^{n} |x_{ik} - x_{jk}|$$

从这个公式可以看出，城市街区距离相当于将各点映射到各个坐标轴上的相应坐标差的绝对值之和。

（3）欧几里得距离（Euclidean Distance）

欧几里得距离是闵可夫斯基距离公式中参数 $p=2$ 时的特殊形式。此时，欧几里得距离公式如下：

$$d_{ij} = \sqrt{\sum_{k=1}^{n} (x_{ik} - x_{jk})^2}$$

图 5-2 展示了城市街区距离和欧几里得距离之间的区别。

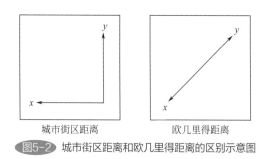

城市街区距离　　　　　　　　欧几里得距离

图5-2 城市街区距离和欧几里得距离的区别示意图

（4）平方欧几里得距离（Squared Euclidean Distance）

平方欧几里得距离是对上面欧几里得距离的改进。改进之处在于不再对两个变量对应分量差的平方和求平方根了，而是直接使用差的平方和。这样做的好处是，能够加速建模过程（无需求平方根）。此时，平方欧几里得聚类公式为：

$$d_{ij} = \sum_{k=1}^{n} (x_{ik} - x_{jk})^2$$

这种改进对于像Jarvis-Patrick(JP)、K-Means等聚类算法是没有任何影响的，但是对层次聚类往往会有影响。

（5）切比雪夫距离（Chebyshev Distance）

契比雪夫距离是闵可夫斯基距离公式中参数p趋向无穷大时（即$p \to +\infty$）的特殊形式。此时，契比雪夫距离公式如下：

$$d_{ij} = |x_{ik} - x_{jk}|_{max(0 \le k \le n)}$$

在机器学习中，有各种各样的距离公式。这里介绍的都是PMML规范所支持的。除此之外，还有马氏距离（Mahalanobis Distance）、汉明距离（Hamming Distance）、余弦距离（Cosine Distance）等等，这里就不再一一说明了。

与"距离"概念相对应的就是"相似度"，它表示两个变量之间的相似程度。对于连续型变量来说，常用的有皮尔逊相关系数、余弦相似度等等；对于分类型变量来说，常用的相似度有简单匹配系数、杰卡德相似度、Tanimoto系数等等。

这里我们重点介绍一下PMML规范中用到的分类型变量之间的几个相似度概念。为了简单明了地说明问题，我们以二分类变量X、Y为例说明。假设X、Y只可以取值0或和1（或者可以转换为0或者1的值）。这两个变量之间有表5-1所示的关系。

表5-1　变量X、Y之间的关系

X ＼ Y	1	0
1	A_{11}	A_{10}
0	A_{01}	A_{00}

在这个表中，A_{11}、A_{10}、A_{01}、A_{00}分别代表变量X、Y取某个值时的频率（个数）。这个表有点类似于上一章讲述的列联表。

（1）简单匹配系数（Simple Matching Coefficient）

简单匹配系数表示两个变量取值完全匹配（相同）时的样本个数（频数）与总样本数之比。公式如下：

$$S_{xy} = \frac{A_{11} + A_{00}}{A_{11} + A_{10} + A_{01} + A_{00}}$$

从这个公式可以看出，如果两个变量同时拥有相同值的频数越多，表明两者更相似。

（2）杰卡德相似度（Jaccard）

有时也称为雅可比系数。很多情况下，两个变量（向量）中，0的个数会大大多于1的个数（属于稀疏向量）。这时候不同变量之间的简单匹配系数会因为过多出现的0而没有效果。所以，此时我们可以只考虑A_{11}，得到下面的杰卡德相似度公式：

$$J_{xy} = \frac{A_{11}}{A_{11} + A_{10} + A_{01}}$$

与简单匹配系数相比，杰卡德相似度排除了两个变量同时不拥有某个属性的频数（A_{00}）。

（3）Tanimoto 系数

Tanimoto 系数是对上面简单匹配系数的扩展，其计算公式如下：

$$T_{xy} = \frac{A_{11} + A_{00}}{A_{11} + 2 \times (A_{01} + A_{11}) + A_{00}}$$

与简单匹配系数一样，如果两个变量同时拥有相同值的频数越多，表明两者更相似，但是增加了同时不拥有某个属性的频数的权重。

（4）二值相似度（Binary Similarity）

又称为存在—缺失相似度（Presence-Absence Similarity），是对二值分类变量之间相似度的一种度量方式。计算公式为：

$$B_{xy} = \frac{c_{11} \times A_{11} + c_{10} \times A_{10} + c_{01} \times A_{01} + c_{00} \times A_{00}}{d_{11} \times A_{11} + d_{10} \times A_{10} + d_{01} \times A_{01} + d_{00} \times A_{00}}$$

式中，c_{11}、$c_{10} \cdots d_{00}$ 为预先给定计算系数，它们均大于0。

上面介绍的这几个相似度是目前 PMML 规范所支持的。除此之外，分类型变量还可以有 Russel and Rao、Dice(Czekanowski 或 Sorensen)、Hamann、Lambda、Ochiai 等很多相似度指标，这里就不一一介绍了，感兴趣的读者可以参阅相关资料。

5.2 聚类算法简介

前面提过，聚类分析可以说是最重要的无监督学习算法，很多科学家和研究者在这方面做出了卓越的贡献，使其在各个领域有着广泛的应用。同时，聚类的算法有很多种，已经公开发表的聚类算法可能超过100种，这些聚类算法在原理上很有可能相互重叠，从而使得一种方法具有多个类别的特征，所以，目前对聚类算法没有一个简洁明了的划分。为了能够更形象、清晰地了解和掌握这些算法，本书尝试着给出一个相对明了的划分。

5.2.1 硬聚类和软聚类

从一个数据点是否完全归属于一个组别（簇）来看，可以划分为硬聚类和软聚类两种。

（1）硬聚类（Hard clustering）

在硬聚类中，每个数据点或者完全属于某个组别（簇），或者完全不属于某个组别（簇）。例如，在客户分类中，一个客户要么属于组别1，要么属于组别2，不存在即可能属于组别1，也可能属于组别2的模糊状态。常用的K-means、K-modes等就属于硬聚类。

（2）软聚类（Soft clustering）

在软聚类中，不是将每个数据点放入单独的组别（簇）中，而是分配一个数据点在这些组别（簇）中的概率或可能性。例如，在客户分类中，一个客户被赋值一个概率，该概率表明属于某个组别（簇）的可能性。同一个客户针对不同的组别（簇），可以有不同的概率值。如高斯混合模型GMM(Gaussian Mixture Model)就是一种软聚类。

5.2.2 基于算法主要特征的划分

从实现算法的主要特征来看，可以划分为以下5种类型。

（1）连通性模型（Connectivity Models）

又称为层次聚类（hierarchical clustering）。这类模型的基本思想是：训练数据空间中较近的数据点比较远的数据点具有更大的相似性。这类模型实现方式有两种方法。第一种方法是首先将所有数据点分类为一个一个独立的组别（簇），然后根据簇间距离的减小将其聚合；第二种方法与第一种方法相反，首先把所有的数据点都分类为一个簇，然后根据簇间距离的增加进行分区。连通性模型典型的算法有层次聚类算法及其变体、BIRCH(Balanced Iterative Reducing and Clustering using Hierarchies)、SBAC(Similarity-Based Agglomerative Clustering)等等。图5-3为连通性聚类模型示意图。

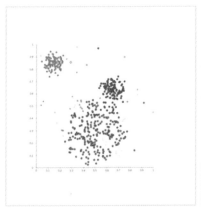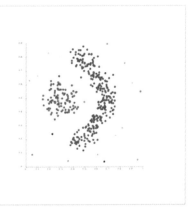

图5-3　连通性聚类模型示意图

（2）质心模型（Centroid Models）

即基于质心的模型。这种模型是一种典型的迭代聚类算法，其中"相似性"是通过数据点与聚类中心点（质心）的距离（或接近程度）得出的。常用的 K-means 或 Kohonen 聚类就是典型的质心模型。在这类模型中，必须事先确定组别（簇）的数目。

图 5-4 为质心性聚类模型示意图。

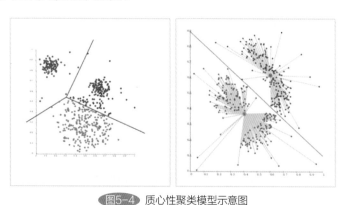

图5-4　质心性聚类模型示意图

（3）分布模型（Distribution Models）

即基于分布的模型。这类模型基于这样一个概念：一个组别（簇）中的所有数据具有相同的分布（如正态分布）。如常见的基于多元正态分布的期望最大化算法 EM(Expectation maximization)。

图 5-5 为分布聚类模型结果示意图。

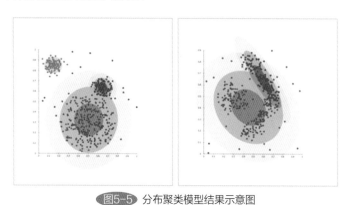

图5-5　分布聚类模型结果示意图

（4）密度模型（Density Models）

这类算法在数据空间中搜索样本数据密度不同的区域，通过把这些区域内的数据点分配给不同的簇，实现聚类的目的。密度模型的常见例子有 DBSCAN(Density-Based Spatial Clustering of Applications with Noise) 和 OPTICS(Ordering Points To Identify the Clustering Structure)。

图 5-6 为密度聚类模型结果示意图。

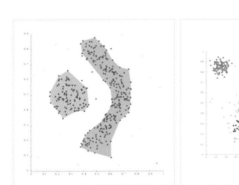

图5-6 密度聚类模型结果示意图

（5）子空间聚类模型（Subspace Clustering）

子空间聚类是特征选择的扩展，是实现高维数据集聚类的有效途径，它是在高维数据空间中对传统聚类算法的一种扩展，其基本理念是将搜索局部化在相关维度（属性）中进行。该算法把数据的原始特征空间分割为不同的特征子集，从不同的子空间角度考察各个数据簇聚类划分的意义，同时在聚类过程中为每个数据簇寻找到相应的特征子空间。比较典型的算法有CLIQUE(Clustering In Quest)。

图5-7为子空间聚类模型结果示意图。

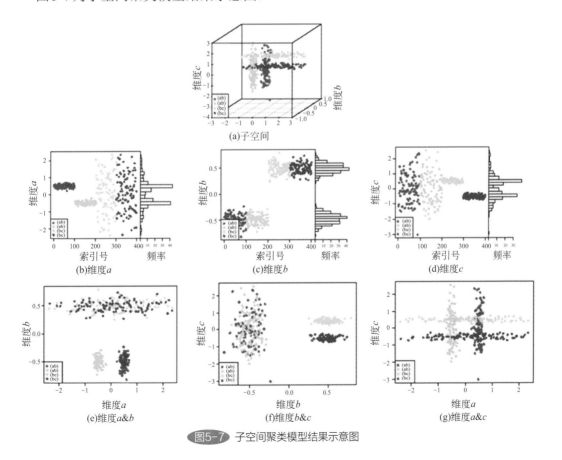

图5-7 子空间聚类模型结果示意图

聚类可以在以下领域获得应用：

- ✓ 市场营销：给定大量客户的特征数据以及历史购买记录，寻找行为相似的客户群；
- ✓ 生物学领域：根据植物和动物的特征对它们进行分类；
- ✓ 图书领域：根据阅读量等信息对图书进行分类，进而指定图书订购；
- ✓ 保险领域：识别平均索赔成本高的汽车保险投保人群体，识别欺诈行为；
- ✓ 城市规划：根据房屋类型、价值和地理位置划分为合适的房屋类别；
- ✓ 地震研究：对历史观测到的地震数据进行聚类，以识别危险区域；
- ✓ 万维网：文档分类，对日志数据进行聚类以便发现相似的访问模式。

5.2.3 PMML规范中的聚类

由于聚类算法众多，本章不准备对具体的聚类算法进行讲解，只是描述一下与 PMML 规范相关的聚类知识。需要详细了解聚类算法的读者可自行参考相关资料。

目前版本的 PMML 规范可以处理两种类型的聚类模型：质心聚类模型和分布聚类模型。这两类模型都是以聚类模型元素 ClusteringModel 及其包含的子元素来表达。

无论哪一种聚类模型，每个聚类模型都包含一个组别（簇）的集合。对于质心聚类模型来说，每个组别（簇）都定义一个表示簇中心的质心向量以及一个距离度量指标。对于一个新记录，可以根据这个度量指标来判断最近的簇（属于哪个簇）；对于分布聚类模型，每个簇通过各自的统计数据来表示，同样也会定义某个相似度指标。对于一个新记录，可以根据这个度量指标来确定能够匹配的最佳组别（簇）。聚类模型除了必须包含距离或相似度度量指标信息外，也可能包含关于训练数据集的分布信息，如协方差矩阵、均值等等。

5.3 聚类模型元素ClusteringModel

在 PMML 规范中，聚类模型元素 ClusteringModel 作为聚类模型的顶层元素，通过其子元素来表示各个组别（簇）的相关信息。

聚类模型元素 ClusteringModel 在 PMML 规范中的定义如下：

```
1.  <xs:element name="ClusteringModel">
2.    <xs:complexType>
3.      <xs:sequence>
4.        <xs:element ref="Extension" minOccurs="0" maxOccurs="unbounded"/>
5.        <xs:element ref="MiningSchema"/>
```

```
6.        <xs:element ref="Output" minOccurs="0"/>
7.        <xs:element ref="ModelStats" minOccurs="0"/>
8.        <xs:element ref="ModelExplanation" minOccurs="0"/>
9.        <xs:element ref="LocalTransformations" minOccurs="0"/>
10.        <xs:element ref="ComparisonMeasure"/>
11.        <xs:element ref="ClusteringField" minOccurs="1" maxOccurs="unbounded"/>
12.        <xs:element ref="MissingValueWeights" minOccurs="0"/>
13.        <xs:element ref="Cluster" maxOccurs="unbounded"/>
14.        <xs:element ref="ModelVerification" minOccurs="0"/>
15.        <xs:element ref="Extension" minOccurs="0" maxOccurs="unbounded"/>
16.     </xs:sequence>
17.     <xs:attribute name="modelName" type="xs:string" use="optional"/>
18.      <xs:attribute name="functionName" type="MINING-FUNCTION" use=
"required"/>
19.     <xs:attribute name="algorithmName" type="xs:string" use="optional"/>
20.     <xs:attribute name="modelClass" use="required">
21.       <xs:simpleType>
22.         <xs:restriction base="xs:string">
23.           <xs:enumeration value="centerBased"/>
24.           <xs:enumeration value="distributionBased"/>
25.         </xs:restriction>
26.       </xs:simpleType>
27.     </xs:attribute>
28.      <xs:attribute name="numberOfClusters" type="INT-NUMBER" use=
"required"/>
29.     <xs:attribute name="isScorable" type="xs:boolean" default="true"/>
30.   </xs:complexType>
31. </xs:element>
```

在这个定义中,聚类模型元素 ClusteringModel 特有的子元素包括聚类字段元素 ClusteringField、缺失值权重元素 MissingValueWeights、比较度量指标元素 ComparisonMeasure 和簇元素 Cluster。

另外,模型还具有两个特有的属性:模型类别属性 modelClass 和簇(组别)数目属性 numberOfClusters。下面我们重点讲述这些特有的元素和属性。

5.3.1　模型属性

任何一个模型都可以包含modelName、functionName、algorithmName和isScorable四个属性，其中属性functionName是必选的，其他三个属性是可选的。它们的含义请参考第一章关联规则模型的相应部分，此处不再赘述。

对于聚类模型来说，属性functionName="clustering"。

聚类模型除了具有上面几个所有模型共有的属性外，还具有两个特有的属性：模型类别属性modelClass和簇（组别）数目属性numberOfClusters。

（1）模型类别属性modelClass

必选属性。此属性指明了聚类模型对应的算法类别。由于目前版本的PMML规范只支持质心聚类和分布聚类两种模型，所以此属性只可取"centerBased"，或者"distributionBased"。

（2）簇数目属性numberOfClusters

必选属性。此属性指明了模型中组别的数目，它必须等于聚类模型中簇子元素Cluster的数量。

5.3.2　模型子元素

聚类模型元素ClusteringModel包含了四个特有的子元素：聚类字段元素ClusteringField、缺失值权重元素MissingValueWeights、比较度量指标元素ComparisonMeasure和簇元素Cluster。下面我们一一详细介绍。

（1）聚类字段元素ClusteringField

一个聚类模型至少包含一个聚类字段子元素ClusteringField，它代表了一个进入模型训练的字段（特征变量），提供了一个聚类字段所需的信息，如字段名称、权重、比较函数等等信息。

在PMML规范中，聚类字段子元素ClusteringField的定义如下：

```
1.  <xs:element name="ClusteringField">
2.    <xs:complexType>
3.     <xs:sequence>
4.      <xs:element ref="Extension" minOccurs="0" maxOccurs="unbounded"/>
5.      <xs:element ref="Comparisons" minOccurs="0"/>
6.     </xs:sequence>
7.     <xs:attribute name="field" type="FIELD-NAME" use="required"/>
```

```
8.      <xs:attribute name="isCenterField" default="true">
9.        <xs:simpleType>
10.          <xs:restriction base="xs:string">
11.            <xs:enumeration value="true"/>
12.            <xs:enumeration value="false"/>
13.          </xs:restriction>
14.        </xs:simpleType>
15.      </xs:attribute>
16.      <xs:attribute name="fieldWeight" type="REAL-NUMBER" default="1"/>
17.      <xs:attribute name="similarityScale" type="REAL-NUMBER" use=
"optional"/>
18.      <xs:attribute name="compareFunction" type="COMPARE-FUNCTION" use=
"optional"/>
19.   </xs:complexType>
20.  </xs:element>
21.
22.  <xs:element name="Comparisons">
23.    <xs:complexType>
24.      <xs:sequence>
25.        <xs:element ref="Extension" minOccurs="0" maxOccurs="unbounded"/>
26.        <xs:element ref="Matrix"/>
27.      </xs:sequence>
28.    </xs:complexType>
29.  </xs:element>
30.
31.  <xs:simpleType name="COMPARE-FUNCTION">
32.    <xs:restriction base="xs:string">
33.      <xs:enumeration value="absDiff"/>
34.      <xs:enumeration value="gaussSim"/>
35.      <xs:enumeration value="delta"/>
36.      <xs:enumeration value="equal"/>
37.      <xs:enumeration value="table"/>
38.    </xs:restriction>
39.  </xs:simpleType>
```

一个聚类字段元素 ClusteringField 可以包含一个比较值矩阵元素 Comparisons 以及字段属性 field、质心字段标志属性 isCenterField、字段权重属性 fieldWeight 等 5 个属性。

从定义上可以看出，比较值矩阵元素 Comparisons 是一个矩阵。如果模型类别属性 modelClass 设置为"centerBased"，则此矩阵将包含距离值；如果模型类别属性 modelClass 设置为"distributionBased"，则此矩阵将包含相似度值。行和列的顺序对应于该字段中离散值或区间间隔的顺序。

此元素的各个属性的含义如下。

◇field：必选属性。聚类字段的名称，必须来自 MiningField 或者 DerivedField。

◇isCenterField：可选属性。指定这个聚类字段是不是质心字段（如果模型类别属性 modelClass 设置为"centerBased"）。默认值为"true"。

◇fieldWeight：可选属性。聚类字段的权重，即重要性系数。它必须大于 0，默认值为 1.0。这个属性会在计算度量指标时使用（我们会在后面讲述比较度量指标元素 ComparisonMeasure 时做详细描述）。

◇similarityScale：可选属性。计算高斯相似度函数时的宽度参数。见下面比较函数类型 COMPARE-FUNCTION 的内容。

◇compareFunction：可选属性。比较度量函数，一个类型为 COMPARE-FUNCTION 的对象。这个属性可以代替比较度量指标元素 ComparisonMeasure 的设置（这是一个全局性的设置，本节后面会讲述这个元素。）

下面我们特别讲述一下上面提到的比较函数类型 COMPARE-FUNCTION。

当计算两条记录（样本数据）的相似度或距离度量指标时，需要一个"外部函数"和一个"内部函数"的联合使用才能获得。其中，"内部函数"用来计算两条记录的同一个字段之间的指标，而"外部函数"是用来聚合所有字段的指标值的。

每一个字段都可以有一个比较函数（即度量指标的计算函数）。这个比较函数既可以在比较度量指标元素 ComparisonMeasure 中全局设置（下面会讲到），也可以在每一个聚类字段元素 ClusteringField 中独立设置。一旦独立设置了，它将覆盖全局设置。

比较函数类型 COMPARE-FUNCTION 就代表了两条记录（样本数据）的同一个字段进行比较时所用到的函数类型，即"内部函数"，这里假设一个字段（如身高 height）的两个值 x 和 y，则比较函数 c(x,y) 可以取下面 5 种函数之一。

① absDiff（绝对值函数）；

$$c(x, y)=|x-y|$$

② gaussSim（高斯相似度函数）；又称为径向基函数 RBF(Radial Basis Function)：

$$c(x, y)=e^{-\ln(2)*\frac{(x-y)^2}{s^2}}$$

式中，s 为函数的宽度参数，控制了函数的径向作用范围，在模型中，s 的值通过属性 similarityScale 设定。

③ delta（变化取值函数）：

如果 x=y，则 c(x, y)=0 ；否则 c(x, y)=1。

④ equal（相等取值函数）：

如果 x=y，则 c(x, y)= 1 ；否则 c(x, y) = 0。

⑤ table（查表取值）：

从子元素 Comparisons 矩阵列表中查找。

关于用来聚合所有字段度量指标值（距离或相似度）的"外部函数"，我们会在后面讲述比较度量指标元素 ComparisonMeasure 时加以详细描述。

（2）缺失值权重元素 MissingValueWeights

缺失值权重元素 MissingValueWeights 可以用来调整缺失字段值的距离或相似度计算值，这是一个可选的子元素。在 PMML 规范中，其定义如下：

```
1.  <xs:element name="MissingValueWeights">
2.    <xs:complexType>
3.      <xs:sequence>
4.        <xs:element ref="Extension" minOccurs="0" maxOccurs="unbounded"/>
5.        <xs:group ref="NUM-ARRAY"/>
6.      </xs:sequence>
7.    </xs:complexType>
8.  </xs:element>
```

可以看出，缺失值权重元素 MissingValueWeights 包含了一个数组子元素。数组的长度必须等于聚类字段元素 ClusteringField 的数量，每个数组元素值都是一个数字值，对应着对缺失字段值的距离或相似度计算值的调整。后面我们会对如何调整做详细的描述。

（3）比较度量指标元素 ComparisonMeasure

每一个聚类模型都必须包含一个比较度量指标元素 ComparisonMeasure。这个子元素指定了对两条数据进行度量指标（距离指标或相似度指标）计算时所用的聚合函数，即前面提到的"外部函数"（请参见本节前面聚类字段元素 ClusteringField 中比较函数类型 COMPARE-FUNCTION 的内容）。这是一个整个模型所有聚类字段都必须遵守的设置。

此外，如果模型提供了缺失值权重子元素 MissingValueWeights 的话，则针对缺失值，应当做相应的调整（本节后面会讲到如何调整）。

元素 ComparisonMeasure 的定义如下：

```
1.  <xs:element name="ComparisonMeasure">
2.    <xs:complexType>
3.      <xs:sequence>
4.        <xs:element ref="Extension" minOccurs="0" maxOccurs="unbounded"/>
5.        <xs:choice>
```

```
6.          <xs:element ref="euclidean"/>
7.          <xs:element ref="squaredEuclidean"/>
8.          <xs:element ref="chebychev"/>
9.          <xs:element ref="cityBlock"/>
10.         <xs:element ref="minkowski"/>
11.         <xs:element ref="simpleMatching"/>
12.         <xs:element ref="jaccard"/>
13.         <xs:element ref="tanimoto"/>
14.         <xs:element ref="binarySimilarity"/>
15.       </xs:choice>
16.     </xs:sequence>
17.     <xs:attribute name="kind" use="required">
18.       <xs:simpleType>
19.         <xs:restriction base="xs:string">
20.           <xs:enumeration value="distance"/>
21.           <xs:enumeration value="similarity"/>
22.         </xs:restriction>
23.       </xs:simpleType>
24.     </xs:attribute>
25.
26.     <xs:attribute name="compareFunction" type="COMPARE-FUNCTION" default=
"absDiff"/>
27.     <xs:attribute name="minimum" type="NUMBER" use="optional"/>
28.     <xs:attribute name="maximum" type="NUMBER" use="optional"/>
29.   </xs:complexType>
30. </xs:element>
31.
32. <xs:element name="euclidean">
33.   <xs:complexType>
34.     <xs:sequence>
35.       <xs:element ref="Extension" minOccurs="0" maxOccurs="unbounded"/>
36.     </xs:sequence>
37.   </xs:complexType>
38. </xs:element>
39.
40. <xs:element name="squaredEuclidean">
41.   <xs:complexType>
```

```
42.      <xs:sequence>
43.        <xs:element ref="Extension" minOccurs="0" maxOccurs="unbounded"/>
44.      </xs:sequence>
45.    </xs:complexType>
46.  </xs:element>
47.
48.  <xs:element name="cityBlock">
49.    <xs:complexType>
50.      <xs:sequence>
51.        <xs:element ref="Extension" minOccurs="0" maxOccurs="unbounded"/>
52.      </xs:sequence>
53.    </xs:complexType>
54.  </xs:element>
55.
56.  <xs:element name="chebychev">
57.    <xs:complexType>
58.      <xs:sequence>
59.        <xs:element ref="Extension" minOccurs="0" maxOccurs="unbounded"/>
60.      </xs:sequence>
61.    </xs:complexType>
62.  </xs:element>
63.
64.  <xs:element name="minkowski">
65.    <xs:complexType>
66.      <xs:sequence>
67.        <xs:element ref="Extension" minOccurs="0" maxOccurs="unbounded"/>
68.      </xs:sequence>
69.      <xs:attribute name="p-parameter" type="NUMBER" use="required"/>
70.    </xs:complexType>
71.  </xs:element>
72.
73.  <xs:element name="simpleMatching">
74.    <xs:complexType>
75.      <xs:sequence>
76.        <xs:element ref="Extension" minOccurs="0" maxOccurs="unbounded"/>
77.      </xs:sequence>
78.    </xs:complexType>
```

```
79.  </xs:element>
80.
81.  <xs:element name="jaccard">
82.    <xs:complexType>
83.      <xs:sequence>
84.        <xs:element ref="Extension" minOccurs="0" maxOccurs="unbounded"/>
85.      </xs:sequence>
86.    </xs:complexType>
87.  </xs:element>
88.
89.  <xs:element name="tanimoto">
90.    <xs:complexType>
91.      <xs:sequence>
92.        <xs:element ref="Extension" minOccurs="0" maxOccurs="unbounded"/>
93.      </xs:sequence>
94.    </xs:complexType>
95.  </xs:element>
96.
97.  <xs:element name="binarySimilarity">
98.    <xs:complexType>
99.      <xs:sequence>
100.       <xs:element ref="Extension" minOccurs="0" maxOccurs="unbounded"/>
101.     </xs:sequence>
102.     <xs:attribute name="c00-parameter" type="NUMBER" use="required"/>
103.     <xs:attribute name="c01-parameter" type="NUMBER" use="required"/>
104.     <xs:attribute name="c10-parameter" type="NUMBER" use="required"/>
105.     <xs:attribute name="c11-parameter" type="NUMBER" use="required"/>
106.     <xs:attribute name="d00-parameter" type="NUMBER" use="required"/>
107.     <xs:attribute name="d01-parameter" type="NUMBER" use="required"/>
108.     <xs:attribute name="d10-parameter" type="NUMBER" use="required"/>
109.     <xs:attribute name="d11-parameter" type="NUMBER" use="required"/>
110.   </xs:complexType>
111. </xs:element>
```

比较度量指标元素ComparisonMeasure包含一个子元素，指定度量的具体指标、度量指标类型kind、比较度量函数compareFunction、比较度量函数可取的最小值minimum和最大值maximum等几个属性。我们先看一下这几个属性的含义：

➢ kind 必选属性。表示两条记录（样本数据）进行计算时所用的度量指标类别，取值 distance（距离）、similarity。

➢ compareFunction 可选属性。比较度量函数，默认值为"absDiff"。表示一个类型为 COMPARE-FUNCTION 的对象，上面我们已经讲过这个类型。

➢ minimum 和 maximum 可选属性。在评分应用模型时没有意义，仅表示在训练模型时，描述比较函数中的可能的最小值和最大值。

除此之外，这个元素还包含了一个计算度量指标（距离或相似度）的"外部函数"。它可以取下面9个函数中的一个：

◇ euclidean：欧几里得距离
◇ squaredEuclidean：平方欧几里得距离
◇ chebychev：契比雪夫距离
◇ cityBlock：城市街区距离
◇ minkowski：闵可夫斯基距离
◇ simpleMatching：简单匹配系数
◇ jaccard：杰卡德相似度
◇ tanimoto：Tanimoto 系数
◇ binarySimilarity：二值相似度

其中 minkowski（闵可夫斯基距离）需要一个参数，以属性 p-parameter 表示；binarySimilarity（二值相似度）需要 c00-parameter、c01-parameter、c10-parameter、c11-parameter、d00-parameter、d01-parameter、d10-parameter、d11-parameter 等8个参数（属性）。

如果聚类模型还定义了缺失值权重子元素 MissingValueWeights，则度量指标会对缺失值做相应的调整。下面我们对上面9种"外部函数"做一个更详细地讲解。

假设给定：

✓ 一个样本数据向量 $X_i, i=1, \cdots, n$。其中部分维度值可以缺失。

✓ 一个簇中心向量 $Y_i, i=1, \cdots, n$。任何维度值都不会缺失。

✓ 一个聚类字段权重向量 $W_i, i=1, \cdots, n$。W_i 对应这个聚类字段元素 ClusteringField 的字段重要性系数 fieldWeight 属性值（默认值为1.0）。

✓ 一个度量指标调整值向量 $Q_i, i=1, \cdots, n$。Q_i 与缺失值权重子元素 MissingValueWeights 包含的数组元素一一对应。如果模型没有包含缺失值权重子元素 MissingValueWeights，则所有 Q_i 都等于1.0。

✓ 一个判断变量取值是否为缺失值的函数 nonmissing(arg)。如果其参数 arg 值不是缺失值，则返回1；否则返回0。

✓ 一个求和函数 SumNM(expr_i)。返回表达式 expr_i 的和，其中 $i=1, \cdots, n$，expr_i 不能为缺失值。

在给定以上条件后，我们可以计算一个调节因子 *AdjustM*：

$$AdjustM = \frac{sum(Q_i)}{sum(nonmissing(X_i)*Q_i)}$$

在PMML规范中，针对上面9种度量指标函数，定义了如下的聚合函数（与本章第一节的内容稍微有所不同，在PMML规范中，对于距离指标的计算，考虑了字段的缺失值、权重等因素），函数中$c(X_i, Y_i)$为前面讲述"内部函数"（请参见本节前面聚类字段元素ClusteringField中比较函数类型COMPARE-FUNCTION的内容。）。

① euclidean：欧几里得距离，此时kind="distance"。

$$D = \sqrt{sumNM(W_i*c(X_i, Y_i)^2)*AdjustM}$$

② squaredEuclidean：平方欧几里得距离，此时kind="distance"。

$$D = sumNM(W_i*c(X_i, Y_i)^2)*AdjustM$$

本质上，平方欧几里得距离与欧几里得距离是等价的。

③ chebychev：契比雪夫距离，也称为最大距离。此时kind="distance"。

$$D = max(W_i*c(X_i, Y_i))*AdjustM$$

④ cityBlock：城市街区距离，此时kind="distance"。

$$D = sumNM(W_i*c(X_i, Y_i))*AdjustM$$

⑤ minkowski：闵可夫斯基距离，此时kind="distance"。

$$D = (sumNM(W_i*c(X_i, Y_i)^p)*AdjustM)^{\frac{1}{p}}$$

式中，参数$p > 0$。

对于相似度指标simpleMatching（简单匹配系数）、jaccard（杰卡德相似度）、tanimoto(Tanimoto系数)、binarySimilarity（二值相似度）的计算与本章前面讲述的一样，没有什么变化。所以，这里就不再赘述了。

（4）簇元素Cluster

我们知道，无论是质心聚类模型还是分布聚类模型，都是由一系列的组别（簇）组成的。对于每一个簇，如果是质心聚类模型，通过簇中心的坐标值组成的向量来表示，我们称之为"簇中心向量"或者"簇质心向量"；对于分布聚类模型，簇可以由其本身的统计信息来表示。

在PMML规范中，一个组别（簇）是通过簇元素Cluster来表示的。一个聚类模型元素ClusteringModel将至少包含一个簇元素Cluster，而一个簇元素Cluster的内容会根据模型类别属性modelClass的取值不同而变化。对于质心聚类模型（modelClass="centerBased"），簇元素Cluster将包含一个数值数组（NUM-ARRAY）形成的质心向量；对于分布聚类模型（modelClass="distributionBased"），簇元素Cluster

将包含一个分区元素Partition（包含输入变量的统计信息）。

在PMML规范中，簇元素Cluster的定义如下：

```
1.  <xs:element name="Cluster">
2.    <xs:complexType>
3.      <xs:sequence>
4.        <xs:element ref="Extension" minOccurs="0" maxOccurs="unbounded"/>
5.        <xs:element ref="KohonenMap" minOccurs="0"/>
6.        <xs:group ref="NUM-ARRAY" minOccurs="0"/>
7.        <xs:element ref="Partition" minOccurs="0"/>
8.        <xs:element ref="Covariances" minOccurs="0"/>
9.      </xs:sequence>
10.     <xs:attribute name="id" type="xs:string" use="optional"/>
11.     <xs:attribute name="name" type="xs:string" use="optional"/>
12.     <xs:attribute name="size" type="xs:nonNegativeInteger" use="optional"/>
13.   </xs:complexType>
14. </xs:element>
15.
16. <xs:element name="KohonenMap">
17.   <xs:complexType>
18.     <xs:sequence>
19.       <xs:element ref="Extension" minOccurs="0" maxOccurs="unbounded"/>
20.     </xs:sequence>
21.     <xs:attribute name="coord1" type="xs:float" use="optional"/>
22.     <xs:attribute name="coord2" type="xs:float" use="optional"/>
23.     <xs:attribute name="coord3" type="xs:float" use="optional"/>
24.   </xs:complexType>
25. </xs:element>
26.
27. <xs:element name="Covariances">
28.   <xs:complexType>
29.     <xs:sequence>
30.       <xs:element ref="Extension" minOccurs="0" maxOccurs="unbounded"/>
31.       <xs:element ref="Matrix"/>
32.     </xs:sequence>
33.   </xs:complexType>
34. </xs:element>
```

在这个定义中，一个簇元素Cluster可以包含一个KohonenMap（Kohonen映射）、NUM-ARRAY 数组、分区子元素Partition和一个协方差子元素Covariances组成的序列。序列会根据模型类别属性modelClass的取值不同而有所变化。

① Kohonen映射子元素KohonenMap　　这个子元素只有在聚类采用Kohonen映射算法时才会出现（Kohonen聚类是一种质心聚类算法）。此时，Kohonen映射元素KohonenMap是由其三个坐标属性coord1、coord2、coord3组成，共同确定一个最多三维的组别（簇）。

Kohonen映射是由芬兰helsinki大学教授Teuvo Kohonen提出的一种自组织映射SOM(self-organizing map)或自组织特征映射SOFM(self-organizing feature map)算法，它也经常应用于神经网络模型中，感兴趣的读者请参考相关资料，这里不再赘述。

② 协方差子元素Covariances　　此子元素以矩阵形式存储了坐标对之间的协方差数据，是一个对称矩阵。需要注意的是：此矩阵的行列顺序对应于聚类模型中MiningSchema中MiningField的顺序。

③ NUM-ARRAY 数组　　这个数组表示了一个簇中心向量，所以这个元素只有在模型类别属性modelClass="centerBased"时才会出现。

④ 分区子元素Partition　　分区子元素Partition针对一个组别（簇）的字段统计信息进行描述，它只有在模型类别属性modelClass="distributionBased"时才会出现。具体使用方式，我们会在后面的例子中加以说明。

除此之外，簇元素Cluster还具有三个可选的属性：簇标识属性id、簇名称属性name和簇尺寸属性size。

◇簇标识属性id：可选属性。用于唯一标识一个组别（簇）的ID。在聚类模型中，每一个簇元素Cluster都有一个唯一的ID来表示。如果此属性没有提供，则模型默认是按照簇元素Cluster出现的顺序，从1开始的隐式索引进行标识。一旦某个簇元素Cluster显式设置了此属性，则所有簇元素Cluster都必须显式设置，且必须在整个模型中唯一。在实际应用中，如果显式设置了簇标识属性，则获胜簇（命中的簇）的簇标识id是通过输出字段元素OutputField的结果征属性feature设置为"predictedValue"返回；如果没有显式设置，则返回隐式基于1的索引标识。无论何种情况，隐式的基于1的索引标识符总是可以通过entityID功能获得。关于输出字段元素OutputField的知识，请参见笔者的另外一本书《PMML建模标准语言基础》。

◇簇名称属性name：可选属性。对组别（簇）的描述性名称，比如可以是对最终用户有意义的、容易理解的名称。虽然没有要求簇名称name必须是唯一的，但是建议还是以简洁明了的唯一词语表示。同样，在实际应用中，簇名称可以通过输出字段元素OutputField的结果征属性feature设置为"predictedDisplayValue"返回。

◇簇尺寸属性size：可选属性。此属性可指明一个组别（簇）中包含多少个数据点（样本数据）。

为了能够加深对以上内容的理解，这里我们列举两个例子。其中第一个是质心聚类模型（modelClass="centerBased"），第二个是分布聚类模型（modelClass="distributionBased"）。

请读者认真阅读，加深对上面内容的理解。

例子1：本例定义了5个聚类字段c1、c2、c3、c4和c5，都经过规范化处理，模型中共有两个组别（簇）。请看代码：

```xml
1.  <PMML xmlns="http://www.dmg.org/PMML-4_3" version="4.3">
2.    <Header copyright="dmg.org"/>
3.    <DataDictionary numberOfFields="3">
4.      <DataField name="marital status" optype="categorical" dataType="string">
5.        <Value value="s"/>
6.        <Value value="d"/>
7.        <Value value="m"/>
8.      </DataField>
9.      <DataField name="age" optype="continuous" dataType="double"/>
10.     <DataField name="salary" optype="continuous" dataType="double"/>
11.   </DataDictionary>
12.   <ClusteringModel modelName="Mini Clustering" functionName="clustering" modelClass="centerBased" numberOfClusters="2">
13.     <MiningSchema>
14.       <MiningField name="marital status"/>
15.       <MiningField name="age"/>
16.       <MiningField name="salary"/>
17.     </MiningSchema>
18.     <LocalTransformations>
19.       <DerivedField name="c1" optype="continuous" dataType="double">
20.         <NormContinuous field="age">
21.           <LinearNorm orig="45" norm="0"/>
22.           <LinearNorm orig="82" norm="0.5"/>
23.           <LinearNorm orig="105" norm="1"/>
24.         </NormContinuous>
25.       </DerivedField>
26.       <DerivedField name="c2" optype="continuous" dataType="double">
27.         <NormContinuous field="salary">
28.           <LinearNorm orig="39000" norm="0"/>
29.           <LinearNorm orig="39800" norm="0.5"/>
```

```
30.            <LinearNorm orig="41000" norm="1"/>
31.          </NormContinuous>
32.        </DerivedField>
33.        <DerivedField name="c3" optype="continuous" dataType="double">
34.          <NormDiscrete field="marital status" value="m"/>
35.        </DerivedField>
36.        <DerivedField name="c4" optype="continuous" dataType="double">
37.          <NormDiscrete field="marital status" value="d"/>
38.        </DerivedField>
39.        <DerivedField name="c5" optype="continuous" dataType="double">
40.          <NormDiscrete field="marital status" value="s"/>
41.        </DerivedField>
42.      </LocalTransformations>
43.      <ComparisonMeasure kind="distance">
44.        <squaredEuclidean/>
45.      </ComparisonMeasure>
46.      <ClusteringField field="c1" compareFunction="absDiff"/>
47.      <ClusteringField field="c2" compareFunction="absDiff"/>
48.      <ClusteringField field="c3" compareFunction="absDiff"/>
49.      <ClusteringField field="c4" compareFunction="absDiff"/>
50.      <ClusteringField field="c5" compareFunction="absDiff"/>
51.      <MissingValueWeights>
52.        <Array n="5" type="real">1 1 1 1 1</Array>
53.      </MissingValueWeights>
54.      <Cluster name="marital status is d or s">
55.        <Array n="5" type="real">0.524561 0.486321 0.128427 0.459188 0.412384</Array>
56.      </Cluster>
57.      <Cluster name="marital status is m">
58.        <Array n="5" type="real">0.69946 0.419037 0.591226 0.173521 0.235253</Array>
59.      </Cluster>
60.    </ClusteringModel>
61.  </PMML>
```

例子2：这是一个聚类模型的代码片段，但是完全可以用于理解分布聚类模型的各个子元素的用途。请看代码：

```
1.  <PMML version="2.0">
2.  ...
3.  <ClusteringModel modelName="Clustering on imports-85c" modelClass=
"distributionBased" numberOfClusters="12">
4.      <MiningSchema>
5.        <MiningField name="make" />
6.        <MiningField name="num-of-doors" />
7.        <MiningField name="body-style" />
8.      </MiningSchema>
9.      ...
10.     <Cluster name="Cluster 1">
11.       <Partition name="Partition 1">
12.         <PartitionFieldStats field="make">
13.           <Array n="28" type="string">bmw bmw jaguar nissan ...</Array>
14.         </PartitionFieldStats>
15.         <PartitionFieldStats field="num-of-doors">
16.           <Array n="28" type="string">two four four four ...</Array>
17.         </PartitionFieldStats>
18.         <PartitionFieldStats field="body-style">
19.           <Array n="28" type="string">sedan sedan sedan wagon ...</Array>
20.         </PartitionFieldStats>
21.       </Partition>
22.     </Cluster>
23.     <Cluster name="Cluster 2">
24.       <Partition name="Partition 2">
25.         <PartitionFieldStats field="make">
26.           <Array n="4" type="string">chevrolet chevrolet chevrolet dodge</Array>
27.         </PartitionFieldStats>
28.         ...
29.       </Partition>
30.     </Cluster>
31.     ...
32.   </ClusteringModel>
33. </PMML>
```

5.3.3　评分应用过程

在模型生成之后，就可以应用于新数据进行评分应用了。虽然聚类模型是一种无监督学习模型，一般用于对批量数据进行划分组别（簇），但是仍然可以根据模型提供的信息，对单个或少量的新数据进行评分应用。

对于聚类模型的评分应用时，应用系统应当以模型提供的组别（簇）信息和距离（或相似度）计算方法来进行使用。我们知道，在 PMML 聚类模型中，任何一个组别（簇）是以其质心向量或统计信息来表示的。那么在评分过程中，可以根据距离（或相似度）计算方法对新数据进行计算，然后与每一个簇的质心向量或簇统计信息进行比较，然后就可以确定新数据属于哪个组别（簇）了。

由于计算方法前面已经讲述过，并且比较简单，这里不再举例具体说明。

6 通用回归模型 GeneralRegressionModel

与聚类模型一样，回归模型也是一种应用非常广泛的数据挖掘技术，并且形式多样，每种形式都有最适合自身应用的特定场景。在这众多的形式中，应用最广的就是线性回归和逻辑回归。

在数据挖掘或机器学习中，回归问题属于有监督学习的范畴，它的目标是在给定输入变量 X，并且每一个输入向量 X_i 都有与之对应的值 Y_i 的条件下，寻找到一个回归模型，要求对于新的观测数据 X_{new}，根据回归模型预测对应的目标值 Y_{new}。

6.1 通用回归模型基础知识

"回归"一词是由英国著名统计学家弗朗西斯·高尔顿爵士（Sir Francis Galton，1822—1911，见图6-1）于19世纪后期在研究父亲身高与其成年儿子的身高关系时提出的，也有人认为是他在研究甜豌豆遗传特征（父、子代种子间的尺寸关系）时提出的。他是著名的生物学家、进化论奠基人达尔文（C.R.Darwin）的表兄。

图6-1 弗朗西斯·高尔顿爵士

高尔顿爵士从大量的父亲身高以及对应的成年儿子身高的数据散点图中，天才地发现了一条贯穿其中的直线，它能够代表两者之间的关系，并可用于在已知某个父亲身高的情况下，预测其成年儿子的身高。他的研究发现：子代的身高有趋向同龄人平均身高的趋势，一般不会出现父亲个子高则其儿子个子更高或者父亲个子矮其儿子更矮的现象。为了描述这种现象，高尔顿提出了"回归（regression）"这个名词，并把贯穿其中的直线称为"回归线"，现在我们称之为"回归方程"，或者"回归模型"（注意，回归线不一定是直线，也可能是曲线）。

回归分析是预测建模技术的一种形式，它研究因变量（依赖变量，即目标变量）和自变量（独立变量，即预测变量）之间的因果关系，并通过回归方程的形式描述和反映这种关系的强弱，帮助业务分析人员准确把握因变量受一个或多个自变量影响的程度，为预测提供科学的依据。例如，驾驶员的不规范驾驶行为与道路交通事故数量之间的关系就可以通过回归建模来研究。

图6-2为一元线性回归结果的示意图。

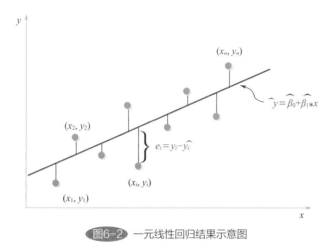

$$\widehat{y} = \widehat{\beta_0} + \widehat{\beta_1} * x$$

$$e_i = y_i - \widehat{y_i}$$

图6-2 一元线性回归结果示意图

在图6-2中，我们绘制了一条观测数据点的拟合直线（红色），这条直线回归线能够保证所有观测数据点与对应直线点之间的距离（差异）e_i的平方和保持最小。

回归分析的算法有很多种，其分类也有多种方式。例如可以按照自变量的个数分为一元回归分析、多元回归分析；也可以按照自变量与因变量的关系分为线性回归、非线性回归；也可以按照因变量的分布类型分为逻辑回归（logit）、Probit回归等等多种具体模型。如图6-3所示。

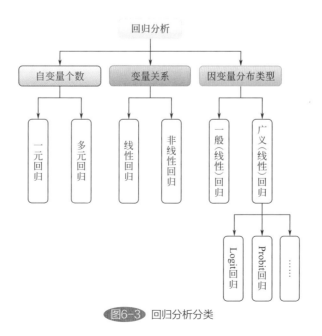

图6-3 回归分析分类

图6-3也只是一个基础分类，在实际应用中，一般都是混合型的模型。比如多元线性回归、多元逻辑回归等等。在表6-1中，我们列举了一些常见的回归模型的方程（以一个自变量 x 为例，其中 β_i 为回归系数）。

表6-1　常用回归模型的例子

模型名称	回归方程	对应的线性回归方程
线性回归（Linear）	$Y=\beta_0+\beta_1 x$	—
二次多项式/抛物线回归（Quadratic）	$Y=\beta_0+\beta_1 x+\beta_2 x^2$	—
三次多项式回归（Cubic）	$Y=\beta_0+\beta_1 x+\beta_2 x^2+\beta_3 x^3$	—
复合回归（Compound）	$Y=\beta_0\beta_1^x$	$\ln Y=\ln(\beta_0)+\ln(\beta_1)x$
增长回归（Growth）	$Y=e^{\beta_0+\beta_1 x}$	$\ln Y=\beta_0+\beta_1 x$
对数回归（Logarithmic）	$Y=\beta_0+\beta_1\ln(x)$	—
S形曲线回归（S-Curve）	$Y=e^{\beta_0+\beta_1/x}$	$\ln Y=\beta_0+\beta_1\dfrac{1}{x}$
幂回归（Power）	$Y=\beta_0 x^{\beta_1}$	$\ln Y=\ln(\beta_0)+\beta_1\ln(x)$
指数回归（Exponential）	$Y=\beta_0 e^{\beta_1 x}$	$\ln Y=\ln(\beta_0)+\beta_1 x$
逆回归/双曲线回归（Inverse）	$Y=\beta_0+\dfrac{\beta_1}{x}$	—
逻辑回归（Logistic）	$Y=\dfrac{e^{(\beta_0+\beta_1 x)}}{1+e^{(\beta_0+\beta_1 x)}}$	$\ln\dfrac{Y}{1-Y}=\beta_0+\beta_1 x$

从表6-1可以看出，很多非线性回归（如多项式回归、复合回归、增长回归等）都可以通过某种变化，转换为线性回归问题来处理。实际上，在回归分析中，线性回归是一种最基础、应用最为广泛的回归技术，同时它也是所有其他回归模型的基础。

在回归模型中，一般线性回归模型和广义回归模型是非常容易混淆的两个概念。一般线性回归模型，英文为General Linear Model，简称为GLM；而广义线性回归模型，英文是Generalized Linear Model，简称也是GLM。对于大多数人来说，英语general和generalized意义差不多，所以就很容易把这两种回归技术相混淆。所以，为了能够更好地理解和掌握回归技术，有必要弄清楚两者之间的关系和区别。

从回归技术的发展历史来看，最先出现的是最简单的一元线性回归。随着预测变量的增加，出现了一般线性回归模型（General Linear Model）技术，然后随着需要解决问题的复杂度越来越高，前辈统计学家们在一般线性回归模型的基础上，发展和推动了广义线性回归技术（generalized linear model）的发展。所以，这两种技术的出现在时间上是有先后顺序的，广义线性回归是对一般线性回归的扩展，不仅能够进行预测，还可以用来进行分类。为了区别，本书中我们把广义线性回归模型简称为GLZM(GeneraLiZed Linear Model)。

在表6-2中，我们对一般线性回归GLM和广义线性回归GLZM的区别做了一个简要的总结。在下一节我们将会对它们做详细的讲解。

表6-2　一般线性回归GLM和广义线性回归GLZM的区别总结。

一般线性回归GLM	广义线性回归GLZM
一般线性回归GLM是广义线性回归GLZM的一种特例	广义线性回归GLZM是一般线性回归GLM的扩展
因变量要求必须是连续型变量	因变量即可以为连续型变量，也可以为定序型、分类型变量
残差分布为正态分布（高斯分布）	残差分布不限于正态分布，也可以为其他分布，如二项式分布等等
连接函数为恒等，即$g(Y) = Y$	连接函数表达了因变量的均值与自变量的线性组合关系
使用普通最小二乘法来估计模型参数	使用极大似然估计MLE(Maximum Likelihood Estimation)来估计模型参数

注：连接函数是关于因变量Y的函数。我们会在对此后面做详细的介绍。

为了更清楚地说明问题，下面我们举两个例子。其中例子1为一般线性回归GLM的例子，例子2为广义线性回归GLZM的例子。

例子1：预测某个地区房价的回归模型，响应变量"房屋价格"是一个连续型变量：

房屋价格$=\beta_0+\beta_1\times$房间数$+\beta_2\times$房屋面积$+\beta_3\times$是否有停车场（yes/no）$+\cdots+\beta_n\times$周围邻居的平均收入$+$白噪声（ε）

例子2：这是一个和美国总统特朗普（Donald Trump）竞选有关的例子，在这个例子中，特朗普竞选成功、不成功是一对互相对立的事件，都有一定的概率：

Log(特朗普竞选成功的概率/竞选不成功的概率)$=\beta_0+\beta_1\times$竞选总统的花费(金额)$+\beta_2\times$竞选总统花费的时间$+\beta_3\times$特朗普受欢迎程度$+\cdots+$白噪声(ε)

在上面的例子中，"房间数""房屋面积""是否有停车场""竞选总统的花费（金额）"等等都称为预测变量。

预测变量（Predictor，Predictor Variable）是用来解释、预测相应目标变量的变量。在回归分析的发展历程中，对预测变量有很多称呼，比如称为独立变量（Independent Variable）、解释变量（Explanatory Variable）、控制变量（Control Variable）、协变量（Covariate）、因子（Factor），而在机器学习中，通常都称为特征变量。所以在本书中这些称呼都可以认为是对预测变量的别称。其中协变量（Covariate）特指连续型预测变量，即连续型输入变量，如"房屋面积"等；因子（Factor）特指分类型预测变量，即分类型输入变量，如"是否有停车场"等。

6.2 通用回归算法简介

为了能够更好地理解本节所讲的PMML规范中的内容，下面我们将对一般线性回归模型、广义线性回归模型和Cox回归模型做一个必要的描述。

6.2.1 一般线性回归模型GLM

线性回归是使用最广泛的回归技术类型之一，是一种非常强大的统计建模技术。例如在商业分析中，可以用来洞察客户/消费者行为、及时了解业务趋势和准确掌握影响业务盈利能力的因素。传统的线性回归不能处理分类型自变量，仅能处理连续型变量，所以它的适用性有限，随着新的编码技术的出现，采用独热编码（One-Hot Encoding，也称为一位有效编码）或者哑变量编码（dummy编码，实际上与独热编码等价）等技术可以处理分类型自变量，使得线性回归的适用性大大扩展，可以同时处理分类型变量和连续型变量。新技术的应用使得线性回归成为行业中使用最广泛的技术之一。关于独热编码的知识，请参考相关资料或者笔者的另外一本书《PMML建模标准语言基础》中的相关内容。

一般线性回归的基本形式如下：

$$Y = \beta_0 + \beta_1 x_1 + \beta_2 x_2 + \cdots + \beta_n x_n + \varepsilon$$

式中　　　　　　　β_0——模型的回归常数，也称作截距；

　　$\beta_1, \beta_2, \cdots, \beta_n$——模型方程中的回归系数；

　　$x_1, x_2, \cdots, x_n$——解释变量（自变量），注意x_i不仅可以是单个独立的自变量，也可以是若干其他自变量的交互作用，例如$x_1 \times x_2$；

　　　　　　　　ε——随机误差，是一个随机变量。

从上面的公式可以看出，因变量（被解释变量）Y的变化由以下两部分组成：

第一，由自变量（解释变量）X的变化引起Y的线性变化部分，即$Y = \beta_0 + \beta_1 x_1 + \beta_2 x_2 + \cdots + \beta_n x_n$，这部分不是一个随机变量；

第二，由其他随机因素引起Y的变化部分，即ε，它是一个随机变量，称为随机误差。

通过以上两点可以看出，一般线性回归模型中响应变量（因变量）和解释变量（自变量）之间并非一对一的统计关系，即当X给定后，Y的值并非唯一。但是它们之间确实又是通过回归系数保持着密切的线性相关关系。

在一般线性回归模型中，假设随机误差ε满足正态分布（期望值为0，方差为某一个特定值），即：

$$\begin{cases} E(\varepsilon) = 0 \\ var(\varepsilon) = \sigma^2 \end{cases}$$

根据这个条件，对回归方差两边求期望值，有：

$$E(Y)=\beta_0+\beta_1x_1+\beta_2x_2+\cdots+\beta_nx_n$$

这就是一般线性回归模型的方程。它表明因变量Y和自变量X之间的统计关系是在平均意义下描述的，即当自变量X的值给定后，利用回归模型计算得到的新的Y值是一个"平均值"，而这也正是"回归"的本意。

图6-4展示了一般线性回归方程的示意图。

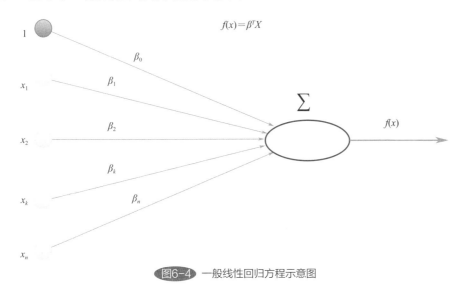

图6-4 一般线性回归方程示意图

在一般线性回归GLM中，隐含了以下假设：

① 残差（因变量Y的实际观测值与其预测值$\hat{Y}$之间的差）是独立同分布的，即因变量Y也是独立同分布；

② 残差符合正态分布，也就是因变量Y符合正态分布；

③ 因变量Y与自变量X的组合或自变量X的某种变换线性相关，或者说，因变量Y与模型参数$\beta(\beta_0, \beta_1, \beta_2, \cdots, \beta_n)$线性相关。

从以上假设可以看出，一般线性模型只适用于因变量Y为连续型的情况。所以，可以使用（普通）最小二乘法OLS(ordinary least square estimation)进行模型参数β（回归系数）的求解。

最小二乘法是以残差的平方和作为损失函数（Loss Function）。其中"二乘"的意思是指用残差的平方和度量实际观测值与对应预测值之间的距离（远近）（残差的平方），"最小"的意思是指模型参数值（回归系数）要保证残差的平方和达到最小。

损失函数（Loss Function），也称为代价函数或成本函数（Cost Function），是用来评价模型的预测值与其实际观测值之间的不一致程度，它是一个非负实值函数。通常使用$L(Y, f(x))$来表示。当然，损失函数越小，模型的性能就越好。损失函数可以有很多种，如交叉熵损失函数、残差平方和、残差绝对值和等等。对于一般线性回归模型来说，它的损失函数是残差平方和的形式，公式为：

$$L = \sum_{i=0}^{n} \varepsilon_i^2 = \sum_{i=0}^{n} (y_i - \widehat{y_l})^2$$

由于：

$$\widehat{y_l} = \beta_0 + \beta_1 x_{1i} + \beta_2 x_{2i} + \cdots + \beta_n x_{ni}$$

所以，最终的损失函数可以表示为：

$$L = \sum_{i=0}^{n} (y_i - (\beta_0 + \beta_1 x_{1i} + \beta_2 x_{2i} + \cdots + \beta_n x_{ni}))^2$$

在数据挖掘或机器学习中，给定了样本数据（训练数据），此时响应变量 Y 和自变量 X 是已知的数据，则训练模型的目的就是计算在损失函数值为最小值的情况下的回归系数 β（包括 β_0、β_1、$\beta_2 \cdots \beta_n$）。所以，通过损失函数对每个回归系数求偏导，构建偏导函数方程组，进而根据极值要求，使各个偏导函数等于0，构造求解方程式，就可以求出各个回归系数 β_i。偏导方程组如下：

$$\begin{cases} \dfrac{\partial L}{\partial \beta_0} = \sum_{i=0}^{n} 2(y_i - (\beta_0 + \beta_1 x_{1i} + \beta_2 x_{2i} + \cdots + \beta_n x_{ni}))(-1) = 0 \\[2ex] \dfrac{\partial L}{\partial \beta_1} = \sum_{i=0}^{n} 2(y_i - (\beta_0 + \beta_1 x_{1i} + \beta_2 x_{2i} + \cdots + \beta_n x_{ni}))(-x_{1i}) = 0 \\[2ex] \dfrac{\partial L}{\partial \beta_2} = \sum_{i=0}^{n} 2(y_i - (\beta_0 + \beta_1 x_{1i} + \beta_2 x_{2i} + \cdots + \beta_n x_{ni}))(-x_{2i}) = 0 \\[1ex] \cdots \qquad\qquad\qquad\qquad \cdots \\[1ex] \dfrac{\partial L}{\partial \beta_n} = \sum_{i=0}^{n} 2(y_i - (\beta_0 + \beta_1 x_{1i} + \beta_2 x_{2i} + \cdots + \beta_n x_{ni}))(-x_{ni}) = 0 \end{cases}$$

具体的求解过程本书不再赘述。

一般线性回归的响应变量通常是连续型的，对于响应变量为离散型（分类型）的情况，可以使用下面讲述的广义线性回归模型 GLZM。

6.2.2　广义线性回归 GLZM

在上面介绍的一般线性回归的三条假设中，后面两条是相互关联的。如果残差分布不再是正态分布的话，则因变量 Y 和模型参数 β 将不再是线性的。而广义线性回归 GLZM 则扩展了这两条假设，它弱化了残差的分布必须为正态分布的条件，它只要求残差是一种指数分布即可，如二项式分布、泊松分布、负二项式分布或gamma分布等等。只要符合这个假设，就一定会存在着某种与模型参数β呈线性关系的关于应变量Y的函数$g(Y)$，这个函数称为连接函数（link function）。而正是这个连接函数使得广义线性回归GLZM和一般线性回归GLM有了明显的区别。

广义线性回归模型GLZM扩展了一般线性回归模型GLM，使得因变量（响应变量）通过特定的连接函数与因子和/或协变量（均为预测变量）线性相关。更重要的是，该模型允许因变量具有非正态分布。它涵盖了广泛使用的统计模型，如正态分布响应的线性回归、二分类数据的逻辑模型、计数（整数型）数据的对数线性模型、区间删失生存数据的互补对数模型等等。

连接函数表达了线性预测变量（自变量）与响应变量（因变量）分布均值之间的关系。在实际应用中，存在着许多可用的连接函数，但是它们的选择需要根据技术和具体问题进行综合考虑而定。例如，因变量Y为二项式分布，可以使用logit或probit链接函数；因变量Y为泊松分布则可以使用对数链接函数，等等。很显然，可以把一般线性回归GLM看作是广义线性回归GLZM的连接函数为恒等函数[即$g(Y)=Y$]时的特例。

图6-5展示了广义回归方程的示意图。

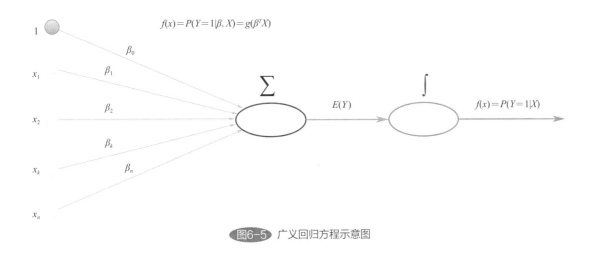

图6-5 广义回归方程示意图

对神经网络模型（Neural Network）比较熟悉的读者会对图6-5感觉非常熟悉。表6-3中列出了几种常用的指数族分布、分布支持的值域，以及典型的链接函数和它们的反函数（也称为均值函数）。

广义线性回归可以适应响应变量的各种分布。这些分布包括正态分布、Cauchy分布、指数分布、伽马分布（gamma）、Weibull分布、对数正态分布、beta分布、二项分布、beta二项分布、Poisson分布、负二项分布等等。

表6-3　常用广义线性模型的因变量连接函数

响应变量分布	分布支持的值域	典型应用	连接函数名称	连接函数	反函数（均值函数）
正态分布	实数：(−∞,+∞)	线性响应数据	恒等	$\beta X = \mu$	$\mu = \beta X$
指数分布	实数：(0,+∞)	指数响应数据，比例参数	负倒数	$\beta X = -\mu^{-1}$	$\mu = -(\beta X)^{-1}$
伽马分布	实数：(0,+∞)				
逆高斯分布	实数：(0,+∞)		倒数平方	$\beta X = -\mu^{-2}$	$\mu = -(\beta X)^{-1/2}$
泊松	整数:0,1,2,…	固定时间（空间）内，事件发生的次数	自然对数	$\beta X = \ln(\mu)$	$\mu = \exp(\beta X)$
伯努利	整数:{0,1}	只有一个YES/NO输出	Logit函数	$\beta X = \ln\left(\dfrac{\mu}{1-\mu}\right)$	$\mu = \dfrac{exp(\beta X)}{1+exp(\beta X)} = \dfrac{1}{1+exp(-\beta X)}$
二项式	整数:0,1,2,…,N	N个YES/NO输出中，输出"YES"的个数			
范畴分布（广义伯努利分布）	整数:[0,K]　K维向量:[0,1]，其中只有一个元素为1	单次K路发生的结果			
多项式	K维向量:[0,N]	N个K路发生次数中不同类型（1…K）的发生次数			

注：表中，μ为因变量（响应变量）的均值；X为自变量（预测变量）；β为回归系数。

下面我们将重点讲述一下二项逻辑回归（二分类逻辑回归）、多项逻辑回归（多分类逻辑回归）、定序型逻辑回归（一种特殊的多分类逻辑回归，响应变量类别是有等级划分的），它们是有代表性的广义线性回归模型。

6.2.2.1　二项逻辑回归（binary logistic regression, binary logit model）

前面讲过，一般线性回归的响应变量（目标变量）是连续型的，其回归方程的值可以是实数域中的任何一个值，即（$-\infty$，$+\infty$）。而对于分类问题，由于响应变量是分类型的变量，其取值是有固定个数的，所以一般线性回归是无法解决这类问题的。而逻辑回归模型可以解决此类问题。如果响应变量的取值范围只有两个类别值，如0和1、正面和反面、阳性和阴性等等，则称为二项逻辑回归，或者称为二分类逻辑回归；如果响应变量的取值范围多于两个类别值，如0、1、2、3等，如文档分类分为A/B/C/D四类、学生课外小组分为琴/棋/书/画四类等等，则称为多项逻辑回归（多分类逻辑回归），它是二项逻辑回归的扩展。这里我们先看一下二项逻辑回归。

二项逻辑回归在实际应用中用途非常广泛，例如：

◇判断一封电子邮件是否为垃圾邮件；
◇患者身上的一个肿瘤是否是良性的；
◇一个电商用户是否购买某种商品；
◇国家足球队在本次比赛中是否能赢；
◇某个银行贷款客户是否要违约。

逻辑回归的连接函数是一种逻辑函数（Logistic function，或者logit函数），也称为逻辑曲线。它可以把任意大小的连续实数值映射到某个具体的区间内，是一种常见的S形曲线。它的方程式为：

$$f(x)=\frac{L}{1+e^{-k(x-x_0)}}$$

式中　e ——自然对数基数（也称为欧拉数）；
　　　L ——函数（曲线）的最大值；
　　　x_0 ——函数曲线中点时的x值；
　　　k ——逻辑增长率或曲线的陡度。

假设$L=4$，$k=1$，$x_0=2$，逻辑函数的方程式为：

$$f(x)=\frac{4}{1+e^{-(x-2)}}$$

其图形如图6-6所示。

可以看到，逻辑函数$f(x)$的值域在$(0, L)$之间。

对于任何一个实数域$(-\infty，+\infty)$的x值，逻辑函数的值都在$(0, L)$区间内，并且是单调递增的。即当x趋向$-\infty$时，逻辑函数的值趋向于0；当x趋向$+\infty$时，逻辑函数的值趋向于L。

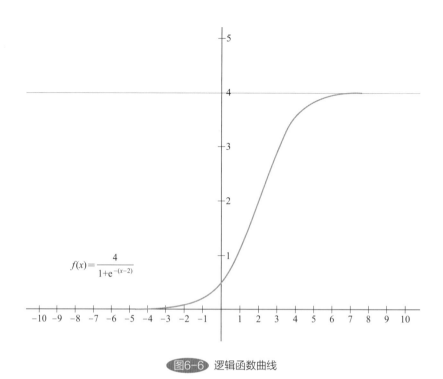

$$f(x) = \frac{4}{1+e^{-(x-2)}}$$

图6-6 逻辑函数曲线

逻辑函数有两个特点：

➢ 对称性，即：$1-f(x)=f(-x)$；
➢ 不是关于0对称的。

逻辑函数有一个特殊形式，称为Sigmoid函数。它是在逻辑函数的参数$k=1,x_0=0,L=1$时的一种特例。所以Sigmoid函数有时也称为标准逻辑函数（standard logistic function）。此时，其方程式为：

$$f(x)=\frac{1}{1+e^{-x}}=\frac{e^x}{1+e^x}$$

很显然，Sigmoid函数值域在（0，1）之间。其图像如图6-7所示。

Sigmoid函数同样拥有逻辑函数的特点。除此之外，它还有一个特点：它的导函数是其本身的函数。即：

$$f'(x)=\frac{df(x)}{dx}=\frac{e^x(1+e^x)-e^x*e^x}{(1+e^{-x})^2}=\frac{e^x}{(1+e^x)^2}=f(x)*(1-f(x))$$

由于Sigmoid函数是一个有着优美S形曲线的数学函数，它单调递增，连续可导，导数形式非常简单。更重要的是它的值域为区间（0,1），与一种事件发生概率的区间相同，所以它在逻辑回归、人工神经网络中有着广泛的应用。

二项逻辑回归中使用Sigmoid函数来表示响应变量（因变量）的发生概率。此时函

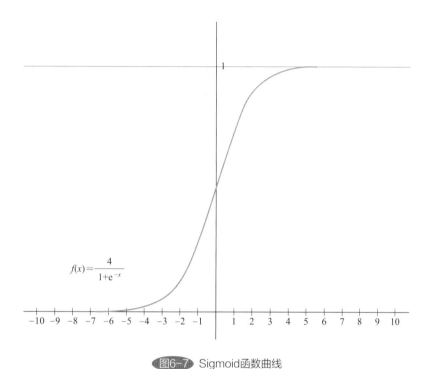

$$f(x) = \frac{4}{1+e^{-x}}$$

图6-7 Sigmoid函数曲线

数形式为：

$$f(x) = \frac{1}{1+e^{-(\beta_0+\beta_1x_1+\beta_2x_2+\cdots+\beta_nx_n)}} = \frac{e^{(\beta_0+\beta_1x_1+\beta_2x_2+\cdots+\beta_nx_n)}}{1+e^{(\beta_0+\beta_1x_1+\beta_2x_2+\cdots+\beta_nx_n)}}$$

我们可以认为$f(x)$即为响应变量。假设我们定义响应变量Y取值为1（如邮件是垃圾邮件、肿瘤是良性、用户会购买某种商品等）是我们考虑的结果，则上述方程就代表响应变量取值为1的概率，即：

$$P(Y=1|X) = f(x) = \frac{1}{1+e^{-(\beta_0+\beta_1x_1+\beta_2x_2+\cdots+\beta_nx_n)}}$$

$$= \frac{e^{(\beta_0+\beta_1x_1+\beta_2x_2+\cdots+\beta_nx_n)}}{1+e^{(\beta_0+\beta_1x_1+\beta_2x_2+\cdots+\beta_nx_n)}}$$

则响应变量取值为0（如邮件不是垃圾邮件、肿瘤不是良性、用户不会购买某种商品等）的概率就是：

$$P(Y=0|X) = 1-P(Y=1|X)$$

这里我们引入一个优势比OR(odds ratios)的指标$odds$。它是指响应变量Y取值为1的概率与响应变量Y取值为0的概率之比，即：

$$odds = \frac{P(Y=1|X)}{P(Y=0|X)} = \frac{f(x)}{1-f(x)} = e^{(\beta_0+\beta_1x_1+\beta_2x_2+\cdots+\beta_nx_n)}$$

优势比OR表达了响应变量Y取值为1相对于响应变量Y取值为0的可能性，表示预测变量X对响应变量Y取值为1的持续性影响。为了计算方便，对优势比公式两边取自然对数，即：

$$\ln(odds) = \beta_0 + \beta_1 x_1 + \beta_2 x_2 + \cdots + \beta_n x_n$$

我们称这个函数为logit函数，这就是二项逻辑回归的连接函数，即：

$$logit(P(Y=1|X)) = \beta_0 + \beta_1 x_1 + \beta_2 x_2 + \cdots + \beta_n x_n$$

这种形式就和一般线性回归非常类似了。由于logit函数是对比率取对数，所以连接函数为logit函数的逻辑回归也称为对数比率回归。

由于逻辑回归本质上是一种分类模型，其响应变量（因变量）为分类型变量，这不同于一般线性回归GLM中响应变量为连续型变量的情况。由于分类型变量的不同取值无法使用残差这样的指标衡量模型的好坏，所以对于逻辑回归中回归系数β的获取通常是采用极大似然估计方法MLE(Maximum Likelihood Estimation)来解决的。这是一种求解概率模型参数估计的统计方法，由德国数学家高斯（C. F. Gauss）于1821年首先提出。

极大似然估计方法也称为最大概似估计方法，或者最大似然估计方法，是建立在极大似然原理的基础上的一种方法。

设一个分布总体中含有待估计的参数β，很显然在确定之前它可以取任何值（有很多可能的解）。现在观测到了N个这个总体的样本，问题是如何从这些已知的观测样本（数据）中估计参数β，也就是从一切可能的β值中选择一个最合理的值。极大似然原理认为，使这些观测样本出现概率最大的β值，就是最合理的值。这个值称为参数β的极大似然估计值。

根据上述原理，问题的重点就是如何构造观测样本出现的概率函数方程了。只要使这个函数取最大值，就可以求解参数β的极大似然估计值，我们称这个函数为似然函数$L(\beta)$。这里"似然（Likelihood）"的意思是根据这个函数求解的模型参数$\hat{\beta}$值与真实的β值非常接近，或者说等于真实值的可能性非常高。所以，极大似然估计就是估计值最大限度地接近真实值的意思。

实际上，似然函数就是所有观测样本的联合概率分布函数，即：

$$L(\beta) = L(X_1, X_2, \cdots, X_n; \beta) = \prod_{i=1}^{N} P(X_i; \beta)$$

式中　　　　　$L(\beta)$——似然函数，即联合概率分布函数，就是每个样本出现的概率乘积；

　　　　　　　β——分布模型参数（如正态分布中的μ，σ）；

　　$X_1, X_2, \cdots, X_n$——观测到的样本数据；

　　　$P(X_i; \beta)$——第i个样本出现的概率。

由于似然函数右侧为概率连乘，所以在实际使用中，为了求解方便，往往对两边取对数。因为对数函数与原来的似然函数具有相同的单调性，它能够确保概率的最大对数值出现在与原始似然函数相同的点上，同时还能够大幅度减少计算量，也能够解决概率的连乘将会变成一个很小的值从而引起浮点数下溢的问题，因此可以用更简单的对数似然函数来代替原来的似然函数，即：

$$\ln(L(\beta)) = \sum_{i=1}^{N} \ln(P(X_i; \beta))$$

根据极大似然原理，参数 β 的极大似然估计值就是使上式取大值时的取值（如果对上式取负，则就是模型的损失函数），即：

$$\hat{\beta}_{mle} = argmax(\ln(L(\beta)))$$

通过对似然函数对参数 β 求偏导，根据极值要求，使各个偏导函数等于0，构造求解方程式，就可以求出各个回归系数。

对于二项逻辑回归问题，$P(X_i; \beta)$ 就是前面提到的 $P(Y=1|X)$、$P(Y=0|X)$ 公式。这里我们举一个简单的例子加以说明。这是一个抛硬币的例子，具体如下。

现有一枚非均匀对称的硬币，在一次抛硬币的结果中，如果正面朝上记为Z，反面朝上记为F。如果在抛10次的结果中，正面为3次，反面为7次。依次如下所示：

F，F，Z，F，Z，Z，F，F，F，F

我们的问题是：在一次抛硬币实验中，这枚硬币正面朝上的概率是多大？

很显然，抛硬币是一个二项分布。设正面朝上的概率为 p，则反面朝上的概率就是 $(1-p)$。设 X_i 代表第 i 次抛硬币，如果正面朝上，则 X_i=1；否则 X_i=0 则此时的似然函数为：

$$L(p) = L(X_1, X_2, \cdots, X_{10}; p) = \prod_{i=1}^{10} P(X_i; p) = \prod_{i=1}^{10} p^{X_i}(1-p)^{(1-X_i)}$$

两边取自然对数，可得：

$$\begin{aligned}
\ln(L(p)) &= \sum_{i=1}^{10} \ln(p^{X_i}(1-p)^{(1-X_i)}) \\
&= \sum_{i=1}^{10} (\ln(p^{X_i}) + \ln((1-p)^{(1-X_i)})) \\
&= \sum_{i=1}^{10} (X_i\ln(p) + (1-X_i)\ln(1-p))
\end{aligned}$$

公式两边对参数 p 求导（因为目前只有一个未知变量），可得下式：

$$\begin{aligned}
\frac{\partial \ln(L(p))}{\partial p} &= \sum_{i=1}^{10} \frac{\partial}{\partial p}(X_i\ln(p) + (1-X_i)\ln(1-p)) \\
&= \sum_{i=1}^{10} X_i \frac{\partial(\ln(p))}{\partial p} + \sum_{i=1}^{10} (1-X_i)\frac{\partial(\ln(1-p))}{\partial p} \\
&= \frac{1}{p}\sum_{i=1}^{10} X_i - \frac{1}{1-p}\sum_{i=1}^{10}(1-X_i)
\end{aligned}$$

现在，只要使上式等于 0，就可以求解出抛硬币为正面朝上的概率 p 值了。根据上面给定的样本数据，可知：

$$\frac{1}{p}\sum_{i=1}^{10}X_i-\frac{1}{1-p}\sum_{i=1}^{10}(1-X_i)=0$$

也就是：

$$\frac{3}{p}-\frac{7}{1-p}=0$$

可以求出：

$$p=0.3$$

6.2.2.2　多项逻辑回归（Multinomial Logistic Regression）

多项逻辑回归也称为无序多分类逻辑回归、无序多项式回归，它比二项逻辑回归更加通用，因为它对响应变量的要求不再局限于两个类别值，而可以处理多个类别值的情况（类别值之间没有顺序之分），也就是响应变量（应变量）必须是名义分类变量（nominal variable）。例如根据对饮料的喜爱程度对消费者进行划分，分为喜欢咖啡、喜欢软饮料、喜欢茶和水等三类；对收到的邮件分为工作邮件、朋友邮件、亲情邮件、垃圾邮件等四类。与其他回归模型一样，多项逻辑回归同样可以处理分类型解释变量和连续型解释变量。

多项逻辑回归的使用基本上应符合下面六个前提，只有这样多项逻辑回归模型的结果才是有意义的。

◇假设 1：响应变量（因变量）必须是分类型变量。如民族类别包括汉族、回族、苗族等等；交通类型包括公共汽车、地铁、轿车等等；职业类别包括医生、建筑师、财务等等，都是分类型变量的例子。

◇假设 2：解释变量（自变量）可以是连续型、定序型或者分类型的。定序型变量可以认为是有顺序的分类变量，如学生成绩分类（不及格、及格、良好、优秀等）、病重程度（严重、一般、轻微等）。在多项式回归模型中，定序型变量一般作为连续型变量或分类型变量来处理。

◇假设 3：响应变量（因变量）的类别值之间必须具有互斥性、完备性，即做到"不重不漏"，样本数据（观测值）之间相互独立。

◇假设 4：解释变量（自变量）之间没有共线性问题。

◇假设 5：任何连续的解释变量（自变量）和响应变量（因变量）的 logit 变换之间均存在线性关系。

◇假设 6：不会出现异常值（outliers）、高杠杆值（leverage points）或强影响点（influential points）。

实际上，以上假设对于二项逻辑回归也同样适用。

多项逻辑回归是二项逻辑回归的扩展，所以它求解回归系数的方法也是基于二项逻辑回归。通常用下面三种方法来求解多项逻辑回归模型中的回归系数。

（1）一对多方式（One-vs-Rest）

这里"一""多"是指把因变量的某一个类别为一组，其余的多个类别为另一组。这样就可以把因变量的取值"映射"为两个取值范围。然后按照前面讲述的二项逻辑回归来处理多项逻辑回归问题。下面我们以举例的方式具体说明求解的步骤。

假定在样本数据集（模型训练数据集）中，因变量有四个类别（标签），分别是C1、C2、C3、C4。我们需要对这四类出现的概率进行多项逻辑回归建模。

第一步，关注第一个类别，即C1类别。以因变量取值为C1的样本为一类（称为正集），其余三类的样本为另一类（称为负集）。根据这种样本划分，按照二项逻辑回归的方法构建回归模型，得到一个关注类别C1的回归方程$f_1(x)$；

第二步，关注第二个类别，即C2类别。以因变量取值为C2的样本为一类（称为正集），其余三类的样本为另一类（称为负集）。根据这种样本划分，按照二项逻辑回归的方法构建回归模型，得到一个关注类别C2的回归方程$f_2(x)$；

第三步，关注第三个类别，即C3类别。以因变量取值为C3的样本为一类（称为正集），其余三类的样本为另一类（称为负集）。根据这种样本划分，按照二项逻辑回归的方法构建回归模型，得到一个关注类别C3的回归方程$f_3(x)$；

第四步，关注第四个类别，即C4类别。以因变量取值为C4的样本为一类（称为正集），其余三类的样本为另一类（称为负集）。根据这种样本划分，按照二项逻辑回归的方法构建回归模型，得到一个关注类别C4的回归方程$f_4(x)$；

通过以上四个步骤，依次可以得到关注C1、C2、C3、C4等四个类别的回归模型$f_1(x)$、$f_2(x)$、$f_3(x)$、$f_4(x)$。在实际评分应用模型时，把新的输入数据分别代入这四个回归方程，则最终结果将是这四个值中最大的一个。

很显然，这种方式会产生K个回归模型（K个因变量取值个数），计算量不大，相对简单。但是这种方法有一个比较大的缺点：样本分布不平衡会对最终结果产生较大的影响，即对训练样本的分布均衡与否比较敏感。

（2）一对一方式（One-vs-One）

同上面一样，这里"一"是指因变量的某一个取值（类别）。所谓一对一方式，就是以任何两个因变量的类别组合对应的样本作为一个模型数据训练集，以这个训练集为基础构造一个二项逻辑回归模型。因此，对于因变量有K个类别的样本，就需要构造$K(K-1)/2$个二项逻辑回归模型（K个类别中任意两个类别的组合）。

当所有的二项逻辑回归模型训练完毕，对一个新的输入数据进行回归（分类）时，按照一定的"投票"机制，最后得票最多的类别即为该输入数据的类别。

这里，我们仍然以上面的例子，通过举例的方式说明这种方式的求解步骤。

假定在样本数据集（模型训练数据集）中，因变量有四个类别（标签），分别是

C1、C2、C3、C4。我们需要对这四类出现的概率进行多项逻辑回归建模。

第一步，确定类别组合。在这个例子中，可用的组合包括（C1，C2）、（C1，C3）、（C1，C4）、（C2，C3）、（C2，C4）、（C3，C4）等六个；

第二步，在以上六个组合中，选取第一个组合，即（C1，C2），对应的样本数据集作为训练集。并以C1、C2为基础，构建第一个二项逻辑回归模型 $f_{12}(x)$；

第三步，重复第二步的工作，依次求出剩余类别组合的二项逻辑回归模型 $f_{ij}(x)$。

经过上面的步骤，可以得到所有类别组合的二项逻辑回归模型，本例中为六个。在实际评分应用模型时，把新的输入数据分别代入这六个回归方程，可以得到六个结果。采取下面投票的方式确定最后结果。投票规则如下（设 Ni 为类别 Ci 的得票数，$i=1,2,3,4$）：

① 初始：$N1=N2=N3=N4=0$；

② 应用第一个回归模型 $f_{12}(x)$：如果C1胜出（即新数据归为C1类别，下同），则 $N1=N1+1$；否则 $N2=N2+1$；

③ 应用回归模型 $f_{13}(x)$：如果C1胜出，则 $N1=N1+1$；否则 $N3=N3+1$；

④ 依次类推，直到遍历所有构建的二项逻辑回归模型，得到最新的 $N1$、$N2$、$N3$、$N4$ 的值；

⑤ 根据每个类别的得票数 $N1$、$N2$、$N3$、$N4$ 的值，选取最大值对应的类别为最终类别，即：

最终结果是 $Max(N1, N2, N3, N4)$ 对应的类别。例如，如果 $N2$ 最大，则新数据属于类别C2。

这种方法可以较好地规避样本数据不平衡的问题，效果要比第一种方法好。但是缺点也比较明显：当因变量类别比较多的时候，计算量会很大。

（3）指定参考类别方式

这是一种更加简单的构建多项逻辑回归模型的方式。对于因变量有 K 个取值类别的情况（分别为1，2，3，…，K），我们可以选择其中某一个类别作为参考类别（也称为基线类别、主类别），比如最后一个类别，其他 K-1 个类别分别与参考类别组合，形成 K-1 个相互独立的二项逻辑回归模型。

这里我们假定指定因变量的第 K 个取值类别为参考类别，按照二项逻辑回归的求解方式，K-1 个二项逻辑回归模型如下：

$$\begin{cases} \ln\left(\dfrac{P(Y=1)}{P(Y=K)}\right) = \vec{\beta}_1 \cdot X_{1K} \\ \ln\left(\dfrac{P(Y=2)}{P(Y=K)}\right) = \vec{\beta}_2 \cdot X_{2K} \\ \cdots \\ \ln\left(\dfrac{P(Y=K-1)}{P(Y=K)}\right) = \vec{\beta}_{K-1} \cdot X_{(K-1)K} \end{cases}$$

其中，X_{iK} 表示由因变量取值为第 i 个类别和第 K 个类别时组成的训练样本子集。这样，我们就可以构建出这 $K-1$ 个相对应参考类别的二项逻辑回归模型，即每个回归模型的回归系数 $\vec{\beta}_1$、$\vec{\beta}_2$…$\vec{\beta}_K$ 求解完毕。

现在对上式经过简单整理，可得：

$$\begin{cases} P(Y=1)=P(Y=K)\mathrm{e}^{\vec{\beta}_1 \cdot X_{1K}} \\ P(Y=2)=P(Y=K)\mathrm{e}^{\vec{\beta}_2 \cdot X_{2K}} \\ \cdots \\ P(Y=K-1)=P(Y=K)\mathrm{e}^{\vec{\beta}_{K-1} \cdot X_{(K-1)K}} \end{cases}$$

从这个方程组中可以看出，在样本子集 X_{iK} 确定之后，回归系数可以求解出来了。但是最后一个问题就是：参考类别的出现概率 $P(Y=K)$ 如何获得？这就需要一个全局条件：因变量每个类别的概率之和肯定等于1，即：

$$P(Y=1)+P(Y=2)+\cdots+P(Y=K)=\sum_{i=1}^{K}P(Y=i)=1$$

所以，

$$P(Y=K)=1-\sum_{i=1}^{K-1}P(Y=i)=1-\sum_{i=1}^{K-1}P(Y=K)\mathrm{e}^{\vec{\beta}_i \cdot X_{iK}}$$

根据上式，可以推出：

$$P(Y=K)=\frac{1}{1+\sum_{i=1}^{K-1}\mathrm{e}^{\vec{\beta}_i \cdot X_{iK}}}$$

最后对上面的过程做一个整理，可得因变量取各种类别值时的概率公式如下：

$$\begin{cases} P(Y=1)=\dfrac{\mathrm{e}^{\vec{\beta}_1 \cdot X_{1K}}}{1+\sum_{i=1}^{K-1}\mathrm{e}^{\vec{\beta}_i \cdot X_{iK}}} \\ P(Y=2)=\dfrac{\mathrm{e}^{\vec{\beta}_2 \cdot X_{2K}}}{1+\sum_{i=1}^{K-1}\mathrm{e}^{\vec{\beta}_i \cdot X_{iK}}} \\ \cdots \\ P(Y=K-1)=\dfrac{\mathrm{e}^{\vec{\beta}_{K-1} \cdot X_{(K-1)K}}}{1+\sum_{i=1}^{K-1}\mathrm{e}^{\vec{\beta}_i \cdot X_{iK}}} \\ P(Y=K)=\dfrac{1}{1+\sum_{i=1}^{K-1}\mathrm{e}^{\vec{\beta}_i \cdot X_{iK}}} \end{cases}$$

当对一个新的输入数据进行多项逻辑回归（分类）时，可以计算出新数据属于每个类别的概率值，最终结果是 $Max(P(Y=1),P(Y=2),\cdots,P(Y=K))$ 对应的类别。例如，如果 $P(Y=2)$ 最大，则新数据属于类别2。

这种方式对于参考类别的选择是不敏感的，就是说选择任何一个因变量的类别作为参考类别都是等价的。具体选择哪一个类别，取决于分析时关注点，通常会选择第一个或最后一个类别作为参考类别。这里需要注意的是，由于选择不同的参考类别会影响到构建二项逻辑回归模型时的样本数据子集，所以回归系数是不同的，会影响到对回归系数意义的解读。

6.2.2.3　定序多项逻辑回归（ordinal multinomial Logistic Regression）

定序多项逻辑回归，也称为有序多项逻辑回归。这里"定序"的含义是指因变量的取值类别能够表达不同的等级，它们之间是有先后顺序、高低之分的，这与前面刚刚讲述的（无序）多项逻辑回归不同。例如，一个食品店调查客户在本店购物的满意程度，分为不满意（用 1 表示）、无所谓（用 2 表示）、比较喜欢（用 3 表示），很显然，这个不同类别的满意度值组成了一个满意度的等级，并且不同等级之间的变化程度（间隔）也不相同。对于这种情况，在使用回归分析时，需要使用定序多项逻辑回归模型来处理。

与无序多项逻辑回归类似，在使用定序多项逻辑回归进行分析时，需要考虑以下三个假设。

◇假设 1：因变量为定序分类变量（且分类多于两个）。如学生按成绩分类为不及格、及格、优良、优秀等四个级别。

◇假设 2：存在一个或多个自变量，可为连续、名义分类变量或定序分类变量。

◇假设 3：自变量之间无多重共线性。

在实际应用中，比例优势模型 POM(Proportional Odds Model) 是一种常用的求解定序逻辑回归问题的方案，它是由 P. McCullagh 和 J. A. Nelder 于 1980 提出。

比例优势模型有一个基本假设：对于定序因变量来说，不同等级的有序分类结果中，解释变量的效应（即变量的回归系数）保持不变，不会随等级的不同而变化，但是回归常数（截距）是不同的。所以，这个假设也称为平行线假设。

比例优势模型 POM 会按照因变量类别的高低排序，按照低级别累积组合与高级别累积组合方式转换为多个二项逻辑回归问题来求解，所以这种模型的连接函数也称为累积连接函数，并且一般采用 logit 函数，这也是这种模型有时被称为累积 logit 模型（cumulative logit model）的原因。

这里，我们仍然以上面的例子，通过举例的方式说明比例优势模型在求解定序逻辑回归问题时的流程步骤。

假定在样本数据集中，因变量有四个等级的类别（标签），分别是 $C1$、$C2$、$C3$、$C4$。我们需要对这四类出现的概率进行定序多项逻辑回归建模。

第一步，确定类别组合。根据按照连续类别等级次序（一般从低到高）进行累计组合划分为二项逻辑回归模型的要求（即分为两个新的类别），确定次序组合。在这个例子中，可用的组合包括（$C1$，$C2+C3+C4$）、（$C1+C2$，$C3+C4$）、（$C1+C2+C3$，$C4$）等三（即因变量的类别数 -1）个组合；

第二步，在以上三个组合中，选取第一个组合，即（C1，C2+C3+C4），对应的样本数据集作为训练集，构建第一个二项逻辑回归模型：

$$\ln\left(\frac{P(Y=C1)}{P(Y=C2)+P(Y=C3)+P(Y=C4)}\right)=\beta_{01}+\beta_1x_1+\beta_2x_2+\cdots+\beta_nx_n$$

第三步，重复第二步的工作，依次求出剩余类别组合的二项逻辑回归模型 $f_i(x)$；

经过上面的步骤，可以得到所有类别组合的二项逻辑回归模型，本例中为三个。模型如下：

$$\begin{cases}\ln\left(\dfrac{P(Y=C1)}{P(Y=C2)+P(Y=C3)+P(Y=C4)}\right)=\beta_{01}+\beta_1x_1+\beta_2x_2+\cdots+\beta_nx_n\\[3mm]\ln\left(\dfrac{P(Y=C1)+P(Y=C2)}{P(Y=C3)+P(Y=C4)}\right)=\beta_{02}+\beta_1x_1+\beta_2x_2+\cdots+\beta_nx_n\\[3mm]\ln\left(\dfrac{P(Y=C1)+P(Y=C2)+P(Y=C3)}{P(Y=C4)}\right)=\beta_{03}+\beta_1x_1+\beta_2x_2+\cdots+\beta_nx_n\end{cases}$$

在上面的三个二项逻辑模型中，左边对数中分子表示的概率与分母表示的概率互补，是一个OR值（odds rations），另外由于类别 C1、C2、C3、C4 是按照由低到高的等级排列的，所以上式可以如下表示：

$$\begin{cases}\text{logit}(P(Y\leqslant C1))=\ln\left(\dfrac{P(Y\leqslant C1)}{1-P(Y\leqslant C1)}\right)=\beta_{01}+\beta_1x_1+\beta_2x_2+\cdots+\beta_nx_n\\[3mm]\text{logit}(P(Y\leqslant C2))=\ln\left(\dfrac{P(Y\leqslant C2)}{1-P(Y\leqslant C2)}\right)=\beta_{02}+\beta_1x_1+\beta_2x_2+\cdots+\beta_nx_n\\[3mm]\text{logit}(P(Y\leqslant C3))=\ln\left(\dfrac{P(Y\leqslant C3)}{1-P(Y\leqslant C3)}\right)=\beta_{03}+\beta_1x_1+\beta_2x_2+\cdots+\beta_nx_n\end{cases}$$

请注意，在上面的二项逻辑回归模型中，只有回归常数是变化的，其他每个解释变量（自变量）的回归系数在不同模型中保持一致。

还可以以类别概率的形式转换如下：

$$\begin{cases}P(Y\leqslant C1)=\dfrac{e^{\beta_{01}+\beta_1x_1+\beta_2x_2+\cdots+\beta_nx_n}}{1+e^{\beta_{01}+\beta_1x_1+\beta_2x_2+\cdots+\beta_nx_n}}\\[4mm]P(Y\leqslant C2)=\dfrac{e^{\beta_{02}+\beta_1x_1+\beta_2x_2+\cdots+\beta_nx_n}}{1+e^{\beta_{02}+\beta_1x_1+\beta_2x_2+\cdots+\beta_nx_n}}\\[4mm]P(Y\leqslant C3)=\dfrac{e^{\beta_{03}+\beta_1x_1+\beta_2x_2+\cdots+\beta_nx_n}}{1+e^{\beta_{03}+\beta_1x_1+\beta_2x_2+\cdots+\beta_nx_n}}\end{cases}$$

最后，为了使用方便，以单个类别概率的形式表达如下：

$$\begin{cases} P(Y \le C1) = P(Y \le C1) \\ P(Y \le C2) = P(Y \le C2) - P(Y \le C1) \\ P(Y \le C3) = P(Y \le C3) - P(Y \le C2) \\ P(Y \le C4) = 1 - P(Y \le C3) \end{cases}$$

在实际评分应用时，把新的输入数据分别代入构建的二项回归模型，求解出对应的回归常数和回归系数。然后按照上面的公式计算出每个类别的概率，最终结果是 $Max(P(Y=C1), P(Y=C2), P(Y=C3), P(Y=C4))$ 对应的类别。例如，如果 $P(Y=C2)$ 最大，则新数据属于类别 $C2$。

6.2.3　Cox回归

1972年，英国统计学家 D.R.Cox 在研究肿瘤和其他慢性病的预后分析时提出了"比例风险模型（Proportional hazards model）"，所以后人把这种模型也称为 Cox 比例风险模型，简称为 Cox 模型。基于 Cox 模型，通过引入与时间相关的因子进行扩展，形成了一种回归分析技术，称为 Cox 回归（模型）。该模型以研究对象（个体）生存结局和生存持续时间为响应变量（因变量），可同时分析众多因素对生存周期的影响。它可以分析带有截尾生存时间的数据（也称为删失值，见下面描述），且不要求事先知道研究对象生存的分布类型。由于上述优良性质，该模型自问世以来，在医学随访研究、电信客户保持、工程零件寿命分析等方面得到广泛的应用，是迄今生存分析中应用最广的多因素分析方法。

Cox 回归模型是生存分析模型（survival model）中的一种，该模型基于解释变量（协变量），对观测对象的生存周期（或更具体地说，所谓的危险函数）进行建模或回归。这里有几个概念需要明确，以便更好地理解和掌握 Cox 回归模型。

➤ 事件：某个观测对象（主体）结束了一段生存时间，如患者死亡、员工离职、客户离网、零件失效、夫妻离婚、被保险人死亡等等。事件导致的结果就是观测对象从一种状态转入另外一种状态，即发生了状态转换。

➤ 生存时间（生存周期）：考察对象在某个给定状态下的存在时间长度。如一个零件一直有效的时间长度。

➤ 删失数据：包括左删失、右删失。左删失是指数据在观测周期内，事件发生之前发生了删失；右删失是指数据在观测周期内，时间发生之后发生了删失。也称为截尾数据。

➤ 风险函数：也称为危险函数。风险函数是一个观测对象在一个很小的时间间隔内经历（发生）特定事件的概率，当然前提是这个观测对象在这个时间间隔开始时是存活的（survival）。所以风险函数可以解释一个观测对象在 t 时刻发生给定事件的风险（可能性），以 $h(t)$ 表示。

$$h(t) = \frac{\text{从}t\text{时刻开始的时间间隔内经历事件的观测对象数目}}{t\text{时刻幸存的观测对象数目×时间间隔宽度}}$$

➤ 生存函数 $s(t)$：在 t 时间点还没有经历给定事件的对象的累积频率，即截至时间点 t 事件还没有发生的概率。它是风险函数 $h(t)$ 的函数，方程式如下：

$$s(t) = e^{-h(t)}$$

表明随着风险的增大，观测对象生存概率越来越小。

与前面讲述的逻辑回归有点类似，在 Cox 回归模型中，认为风险函数 $h(t)$ 与影响观测对象的生存周期的各种因素（解释变量）之间是一种回归关系。这种关系的回归方程如下：

$$h(t) = h_0(t) e^{(\beta_1 x_1 + \beta_2 x_2 + \cdots + \beta_n x_n)}$$

式中，$h_0(t)$ 称为 t 时刻的基线危险函数（baseline hazard function），或者潜在风险函数，其值是当所有影响因素（解释变量）都为 0 时的风险函数值，类似于普通回归方程中的截距。

两边取自然对数，经过简单整理可得：

$$\ln(h(t)) = \ln(h_0(t)) + \beta_1 x_1 + \beta_2 x_2 + \cdots + \beta_n x_n$$

或者

$$\ln\left(\frac{h(t)}{h_0(t)}\right) = \beta_1 x_1 + \beta_2 x_2 + \cdots + \beta_n x_n$$

这就是 Cox 回归模型中的回归方程。很显然，上式右边就是广义线性回归 GLZM 中的连接函数。在回归方程中，回归系数 β_1、$\beta_2 \cdots \beta_n$ 给出了与解释变量变化相关的风险预期的比例变化。这种因变量和解释变量之间恒定关系的假设被称为比例风险（proportional hazards），这也正是 Cox 回归模型称为"比例风险模型"的原因。这意味着在任何时间点，任何两个观测个体的风险函数都是成比例的。换句话说，如果一个患者在某个初始时间点的死亡风险是另一个患者的两倍，那么在所有以后的时间里，这个患者的死亡风险仍然是另一个患者的两倍。

6.3 通用回归模型元素 GeneralRegressionModel

在 PMML 规范中，使用元素 GeneralRegressionModel 来标记通用回归模型，正如这个元素的名称所表示的，它将支持前面所讲述的众多回归模型。

一个通用回归模型元素 GeneralRegressionModel 除了包含所有模型通用的模型属性以及子元素 MiningSchema、Output、ModelStats、LocalTransformations 和 ModelVerification 等共性部分外，还包括通用回归模型特有的属性和子元素。各种模型共性的内容请参见笔者的另一本书《PMML 建模标准语言基础》，这里将主要介绍通用回归模型特有的部分。

由于通用回归模型元素 GeneralRegressionModel 试图支持尽可能多的回归模型种类，所以这个元素比其他模型元素拥有更多的特有子元素，如 ParameterList、PPMatrix、ParamMatrix 等，拥有更多的特有属性，如 modelType、targetReferenceCategory、cumulativeLink、linkFunction 等等。我们将在本节后面对这些子元素和属性进行详细的描述。

在 PMML 规范中，通用回归模型元素 GeneralRegressionModel 的定义如下：

```
1.  <xs:element name="GeneralRegressionModel">
2.    <xs:complexType>
3.      <xs:sequence>
4.        <xs:element minOccurs="0" maxOccurs="unbounded" ref="Extension"/>
5.        <xs:element ref="MiningSchema"/>
6.        <xs:element minOccurs="0" ref="Output"/>
7.        <xs:element minOccurs="0" ref="ModelStats"/>
8.        <xs:element ref="ModelExplanation" minOccurs="0"/>
9.        <xs:element minOccurs="0" ref="Targets"/>
10.       <xs:element minOccurs="0" ref="LocalTransformations"/>
11.       <xs:element ref="ParameterList"/>
12.       <xs:element minOccurs="0" ref="FactorList"/>
13.       <xs:element minOccurs="0" ref="CovariateList"/>
14.       <xs:element ref="PPMatrix"/>
15.       <xs:element minOccurs="0" ref="PCovMatrix"/>
16.       <xs:element ref="ParamMatrix"/>
17.       <xs:element minOccurs="0" ref="EventValues"/>
18.       <xs:element minOccurs="0" ref="BaseCumHazardTables"/>
19.       <xs:element ref="ModelVerification" minOccurs="0"/>
20.       <xs:element ref="Extension" minOccurs="0" maxOccurs="unbounded"/>
21.     </xs:sequence>
22.     <xs:attribute name="targetVariableName" type="FIELD-NAME"/>
23.
24.     <xs:attribute name="modelType" use="required">
25.       <xs:simpleType>
26.         <xs:restriction base="xs:string">
27.           <xs:enumeration value="regression"/>
28.           <xs:enumeration value="generalLinear"/>
29.           <xs:enumeration value="multinomialLogistic"/>
30.           <xs:enumeration value="ordinalMultinomial"/>
31.           <xs:enumeration value="generalizedLinear"/>
32.           <xs:enumeration value="CoxRegression"/>
```

```
33.        </xs:restriction>
34.       </xs:simpleType>
35.      </xs:attribute>
36.      <xs:attribute name="modelName" type="xs:string"/>
37.      <xs:attribute name="functionName" type="MINING-FUNCTION" use=
"required"/>
38.      <xs:attribute name="algorithmName" type="xs:string"/>
39.      <xs:attribute name="targetReferenceCategory" type="xs:string"/>
40.      <xs:attribute name="cumulativeLink" type="CUMULATIVE-LINK-FUNCTION"/>
41.      <xs:attribute name="linkFunction" type="LINK-FUNCTION"/>
42.      <xs:attribute name="linkParameter" type="REAL-NUMBER"/>
43.      <xs:attribute name="trialsVariable" type="FIELD-NAME"/>
44.      <xs:attribute name="trialsValue" type="INT-NUMBER"/>
45.      <xs:attribute name="distribution">
46.        <xs:simpleType>
47.          <xs:restriction base="xs:string">
48.            <xs:enumeration value="binomial"/>
49.            <xs:enumeration value="gamma"/>
50.            <xs:enumeration value="igauss"/>
51.            <xs:enumeration value="negbin"/>
52.            <xs:enumeration value="normal"/>
53.            <xs:enumeration value="poisson"/>
54.            <xs:enumeration value="tweedie"/>
55.          </xs:restriction>
56.        </xs:simpleType>
57.      </xs:attribute>
58.      <xs:attribute name="distParameter" type="REAL-NUMBER"/>
59.      <xs:attribute name="offsetVariable" type="FIELD-NAME"/>
60.      <xs:attribute name="offsetValue" type="REAL-NUMBER"/>
61.      <xs:attribute name="modelDF" type="REAL-NUMBER"/>
62.      <xs:attribute name="endTimeVariable" type="FIELD-NAME"/>
63.      <xs:attribute name="startTimeVariable" type="FIELD-NAME"/>
64.      <xs:attribute name="subjectIDVariable" type="FIELD-NAME"/>
65.      <xs:attribute name="statusVariable" type="FIELD-NAME"/>
66.      <xs:attribute name="baselineStrataVariable" type="FIELD-NAME"/>
67.      <xs:attribute name="isScorable" type="xs:boolean" default="true"/>
68.    </xs:complexType>
69. </xs:element>
70.
```

从上面的定义可以看出，通用回归模型元素 GeneralRegressionModel 除了包含所有模型元素共有的 MiningSchema、Output、ModelStats、ModelExplanation 等子元素外，它还包含了八个特有的子元素，它们是：

> ➤ 参数列表子元素 ParameterList
> ➤ 因子列表子元素 FactorList
> ➤ 协变量列表子元素 CovariateList
> ➤ 预测变量与参数相关矩阵子元素 PPMatrix
> ➤ 参数估计协方差矩阵子元素 PCovMatrix
> ➤ 参数矩阵 ParamMatrix
> ➤ 事件值子元素 EventValues（适用于 Cox 回归）
> ➤ 基线累积危险值表子元素 BaseCumHazardTables（适用于 Cox 回归用）

除了以上八个子元素外，另外还包括了目标变量名称属性 targetVariableName、模型类型属性 modelType、参考目标类别属性 targetReferenceCategory、累积连接函数 cumulativeLink、连接函数 linkFunction、连接参数 linkParameter、试验变量 trialsVariable、试验值 trialsValue、响应变量概率分布类型 distribution、负二项分布辅助参数 distParameter、偏置变量 offsetVariable、偏置变值 offsetValue、模型自由度 modelDF、结束时间变量 endTimeVariable、开始时间变量 startTimeVariable、主体 ID 变量 subjectIDVariable、观测主体状态变量 statusVariable、基线分区变量 baselineStrataVariable 等 18 个特有的属性。

下面我们对这些模型属性和子元素进行详细的介绍。

6.3.1　模型属性

任何一个模型都可以包含 modelName、functionName、algorithmName 和 isScorable 四个属性，其中属性 functionName 是必选的，其他三个属性是可选的。它们的含义请参考第一章关联规则模型的相应部分，此处不再赘述。

对通用回归模型元素来说，属性 functionName 可取"classification"或者"regression"中的一个。

除了上面几个所有模型共有的属性外，通用回归模型元素 GeneralRegressionModel 还具有众多特有的属性，介绍如下。

（1）目标变量名称属性 targetVariableName

可选属性。目标变量（响应变量）的字段名称。这个属性从 PMML 3.0 开始此属性已经过时，不再建议使用。如果一定要使用，其值必须与属性 usageType="target" 的挖掘字段元素 MiningField 的名称属性 name 的值一样。

（2）模型类型属性 modelType

必选属性。指定模型所用的回归类型，为模型评分应用时选择合适的数学公式提供信息。目前支持的回归算法有六大种类，分别是：

- regression：简单线性回归
- generalLinear：广义线性回归
- multinomialLogistic：多项逻辑回归
- ordinalMultinomia：定序多项逻辑回归
- generalizedLinear：广义线性回归
- CoxRegression：Cox 回归

属性 modelType 必须从这六个回归类型中选择一个。

（3）参考目标类别属性 targetReferenceCategory

可选属性。用于多项逻辑回归模型中，指定一个参考类别（响应变量的一个取值类别）。默认情况下，参考类别是出现在 PMML 模型文档的数据字典子元素 DataDictionary 中，但不出现在参数矩阵 ParamMatrix 中的响应变量类别。但是当一个 PMML 文档是由几个模型组成时，需要明确指明参考类别。

（4）累积连接函数 cumulativeLink

可选属性。用于定序逻辑回归模型中，指定一个累积连接函数。这是一个类型为累积连接函数 CUMULATIVE-LINK-FUNCTION 的字符串。此类型的取值范围如下：

- logit
- probit
- cloglog
- loglog
- cauchit

属性 cumulativeLink 必须从这五个累积连接函数中选择一个。

（5）连接函数 linkFunction

可选属性，适用于广义线性回归模型，用来指定一个连接函数。这是一个类型为连接函数 LINK-FUNCTION 的字符串。此类型的取值范围如下：

- cloglog
- identity
- log
- logc
- logit
- loglog
- negbin

- oddspower
- power
- probit

属性 linkFunction 必须从这十个连接函数中选择一个。

（6）连接参数 linkParameter

可选属性，是一个类型为实数 REAL-NUMBER 的值。这个属性需要结合属性 linkFunction 一起使用。在 linkFunction="oddspower" 或者 linkFunction="power" 时，为这两种连接函数指定额外的参数。

（7）试验变量 trialsVariable

可选属性。在评分应用过程中，为某些广义回归模型提供一个额外的变量信息（在本章后面评分应用时会详细讲述如何使用这个属性）。这个属性只对响应变量为二项分布时适用，即属性 distribution="binomial"。它必须是对一个数据字段 DataField 或衍生字段 DerivedField 的引用。

（8）试验值 trialsValue

可选属性。其取值为一个整数值。这个属性与试验变量 trialsVariable 属性作用相同，所以，在一个模型中两者只能出现一个，不能同时存在。

（9）响应变量概率分布类型 distribution

可选属性。指明了广义线性模型中响应变量的概率分布类型，其取值范围如下：

- binomial：二项分布
- gamma：gama 分布
- igauss：逆高斯分布（Inverse Gaussian distribution）
- negbin：负二项分布（negative binomial distribution）
- normal：正态分布
- poisson：泊松分布
- tweedie：Tweedie 分布

属性 distribution 必须从这七个分类类型中选择一个。

（10）负二项分布辅助参数 distParameter

可选属性。其值为一个实数值。当属性 distribution="negbin" 时，为负二项分布提供一个辅助参数。

（11）偏置变量 offsetVariable

可选属性。是一个由用户指定的一个常数（截距）。在评分应用过程中，为某些广义回归模型提供一个额外的信息（在本章后面评分应用时会详细讲述如何使用这个属性）。这个属性只有在属性distribution="generalizedLinear"或者"ordinalMultinomial"或者"multinomialLogistic"时才有效。它必须是对一个数据字段DataField或衍生字段DerivedField的引用。

（12）偏置值offsetValue

可选属性。取值为一个实数值。这个属性与偏置变量offsetVariable属性作用相同，所以，在一个模型中两者只能出现一个，不能同时存在。

（13）模型自由度modelDF

可选属性。取值为一个实数值，表示模型的自由度（degrees of freedom）。在计算响应变量预测值的置信区间时用到这个属性值。

（14）结束时间变量endTimeVariable

可选属性。适用于Cox回归，即在模型类型属性modelType="CoxRegression"的情况下，当使用模型进行评分应用时是需要这个属性值的（在本章后面评分应用时会详细讲述如何使用这个属性）。它必须是对一个包含连续型数据的数据字段DataField或衍生字段DerivedField的引用。

（15）开始时间变量startTimeVariable

可选属性。在模型类型属性modelType="CoxRegression"的情况下，提供额外的信息。在评分应用时不会用的这个属性值，但是为用户提供了重要的构建模型的信息。它必须是对一个包含连续型数据的数据字段DataField或衍生字段DerivedField的引用。

（16）主体ID变量subjectIDVariable

可选属性。在模型类型属性modelType="CoxRegression"的情况下，提供额外的信息。在评分应用时不会用的这个属性值，但是为用户提供了重要的构建模型的信息。它必须是对一个数据字段DataField或衍生字段DerivedField的引用。

（17）观测主体状态变量statusVariable

可选属性。在模型类型属性modelType="CoxRegression"的情况下，提供了额外可选的信息。它必须是对一个数据字段DataField或衍生字段DerivedField的引用。

（18）基线分区变量baselineStrataVariable

可选属性，也称为基线分层变量。在模型类型属性modelType="CoxRegression"的情况下，如果设置了此属性，则在评分应用时使用此变量。它必须是对一个包含分类型数据的数据字段DataField或衍生字段DerivedField的引用。

6.3.2　模型子元素

通用回归模型元素GeneralRegressionModel包含了八个特有的子元素：参数列表元素ParameterList、因子列表元素FactorList、协变量列表元素CovariateList和预测变量与参数相关矩阵元素PPMatrix、参数估计协方差矩阵元素PCovMatrix、参数矩阵元素ParamMatrix、事件值集合元素EventValues和基线累积危险值表元素BaseCumHazardTables。

下面我们对这八个子元素一一详细介绍。

（1）参数列表元素ParameterList

子元素ParameterList以列表形式展示了模型中用到的所有参数，而参数是以子元素Parameter序列表示的。

在这里，读者一定要弄清楚本模型中的"参数（parameter）"和"变量（predictor）"的区别。简单来说，参数是对一个变量取某一个特定值的表示，所以变量与参数的关系可以是"一对多"的关系，即一个变量可以衍生出多个参数；或者是"多对多"的关系，即两个或多个（分类）变量取值组合派生出更多的参数。例如：nationality（民族）是一个代表五十六个民族的"变量"，它可以取"汉族""回族""苗族"等五十六个类别值；而"nationality=汉族"则是一个"参数"。当然也可以不同变量的取值组合形成不同的参数。一般来说，参数都是来自分类变量，而对于连续型变量，可以认为两者是相同的。

另外，读者也不要把本模型中的"参数"和"回归系数"相混淆。回归系数可以认为是对参数的估计，两者是不同的模型组成部分，但又是紧密联系的。实际上回归系数是作用在参数上的，或者说回归系数是参数的效应。我们可把回归常数，即截距，看作是参数，而不是回归系数（即把截距认为是一个具有常数值1的变量，其回归系数值等于截距的大小）。所以在本模型的构建过程中，真正组成模型的是参数和系数。

在PMML规范中，参数列表元素ParameterList的定义如下：

```
1.  <xs:element name="ParameterList">
2.    <xs:complexType>
3.      <xs:sequence>
4.        <xs:element ref="Extension" minOccurs="0" maxOccurs="unbounded"/>
5.        <xs:element ref="Parameter" minOccurs="0" maxOccurs="unbounded"/>

6.      </xs:sequence>
7.    </xs:complexType>
8.  </xs:element>
9.
```

```
10.    <xs:element name="Parameter">
11.     <xs:complexType>
12.      <xs:sequence>
13.       <xs:element ref="Extension" minOccurs="0" maxOccurs="unbounded"/>
14.      </xs:sequence>
15.      <xs:attribute name="name" type="xs:string" use="required"/>
16.      <xs:attribute name="label" type="xs:string"/>
17.      <xs:attribute name="referencePoint" type="REAL-NUMBER" default="0"/>
18.     </xs:complexType>
19.    </xs:element>
```

除非模型类型属性modelType="CoxRegression"，否则元素ParameterList不能为空（即不能省略）。它包含了一个或多个参数子元素Parameter，而元素Parameter包含了一个必选的名称属性name、一个可选的标签属性label和一个可选的参考点属性referencePoint。这几个属性的含义如下。

✓名称属性name：必选属性。其值必须在整个模型中唯一，且尽可能简洁。前面讲过，因为参数是真正组成模型的部件，所以参数的名称会在模型中经常出现，所以为了方便使用，参数名称尽可能简单明了。

✓标签属性label：可选属性。它可以提供与参数相关的描述性信息。我们会在后的例子中详细说明。

✓参考点属性referencePoint：可选属性。取值为一个实数值。只用于modelType="CoxRegression"的情况，它是用来计算基线危险函数值的，默认值为0。

（2）因子列表元素FactorList

预测变量（自变量）可以分为因子变量（分类型变量）和协变量（连续型变量）两类。在PMML规范中，预测变量使用元素Predictor来表示，而使用因子列表元素FactorList来表示模型中用到的所有因子变量列表，使用协变量列表元素CovariateList来表示模型中用到的所有协变量列表。

在PMML规范中，因子列表元素FactorList的定义如下：

```
1.  <xs:element name="FactorList">
2.    <xs:complexType>
3.     <xs:sequence>
4.      <xs:element ref="Extension" minOccurs="0" maxOccurs="unbounded"/>
5.       <xs:element minOccurs="0" maxOccurs="unbounded" ref="Predictor"/>
```

```
6.        </xs:sequence>
7.      </xs:complexType>
8.    </xs:element>
9.
10.   <xs:element name="Predictor">
11.     <xs:complexType>
12.       <xs:sequence>
13.         <xs:element ref="Extension" minOccurs="0" maxOccurs="unbounded"/>
14.         <xs:element ref="Categories" minOccurs="0" maxOccurs="1"/>
15.         <xs:element ref="Matrix" minOccurs="0"/>
16.       </xs:sequence>
17.       <xs:attribute name="name" type="FIELD-NAME" use="required"/>
18.       <xs:attribute name="contrastMatrixType" type="xs:string"/>
19.     </xs:complexType>
20.   </xs:element>
21.
22.   <xs:element name="Categories">
23.     <xs:complexType>
24.       <xs:sequence>
25.         <xs:element ref="Extension" minOccurs="0" maxOccurs="unbounded"/>
26.         <xs:element ref="Category" minOccurs="1" maxOccurs="unbounded"/>
27.       </xs:sequence>
28.     </xs:complexType>
29.   </xs:element>
30.
31.   <xs:element name="Category">
32.     <xs:complexType>
33.       <xs:sequence>
34.         <xs:element ref="Extension" minOccurs="0" maxOccurs="unbounded"/>
35.       </xs:sequence>
36.       <xs:attribute name="value" type="xs:string" use="required"/>
37.     </xs:complexType>
38.   </xs:element>
```

　　如果一个回归模型中没有分类型变量（如简单线性回归），则元素 FactorList 可以不存在。即使这个元素存在，它也可以不包含任何内容（为空）。从上面的定义中可以看出，元素 FactorList 将包含零个或多个预测变量子元素 Predictor。

　　元素 Predictor 是分类型变量（因子）和连续型变量（协变量）的统称，它由名称属性 name、对比矩阵类型 contrastMatrixType 属性以及由两个子元素组成的序列组成。其中名称属性 name 是必选属性，引用一个数据字段元素 DataField 或派生字段元素 DerivedField 指定的字段名称；可选的 contrastMatrixType 属性则指定了对比矩阵的类型，通常可取值：Simple、Helmert 等值。

　　下面说明一下这个元素的两个子元素。

　　① 因子取值集合元素 Categories　此元素有一系列类别值子元素 Category 组成，每个类别值子元素 Category 通过必选的类别值属性 value 指定一个因子的取值。

　　② 对比矩阵元素 Matrix　对比矩阵是用来表示分类型变量取值编码的结果的。如果一个因子变量有 n 个取值，则此矩阵将有 n 行、$n-1$ 或 n 列。行列的值顺序与元素 Categories 中子元素 Category 顺序相同；如果因子取值集合元素 Categories 不存在，则矩阵的行列值的顺序与称属性 name 引用字段的取值顺序相同。只有 $n-1$ 列的矩阵有助于建设模型的参数个数。

（3）协变量列表元素 CovariateList

　　与因子列表元素 FactorList 相对应，这个元素用来表示模型中用到的连续型预测变量，它包含一个预测变量 Predictor 的序列。

　　在 PMML 规范中，它的定义如下：

```
1.  <xs:element name="CovariateList">
2.    <xs:complexType>
3.      <xs:sequence>
4.        <xs:element ref="Extension" minOccurs="0" maxOccurs="unbounded"/>
5.        <xs:element minOccurs="0" maxOccurs="unbounded" ref="Predictor"/>
6.      </xs:sequence>
7.    </xs:complexType>
8.  </xs:element>
```

（4）预测变量与参数相关矩阵元素 PPMatrix

　　在前面讲述模型的参数列表元素 ParameterList 时我们讲过预测变量和参数的区别和联系，指出两者之间是"一对多"或"多对对"的关系。预测变量与参数相关矩阵元素 PPMatrix(Predictor-to-Parameter correlation matrix) 就是表达这种关系的矩阵。在这个矩阵中，行表示参数，列表示预测变量。

　　在 PMML 规范中，它的定义如下：

```
1.   <xs:element name="PPMatrix">
2.     <xs:complexType>
3.       <xs:sequence>
4.         <xs:element ref="Extension" minOccurs="0" maxOccurs="unbounded"/>
5.         <xs:element ref="PPCell" minOccurs="0" maxOccurs="unbounded"/>
6.       </xs:sequence>
7.     </xs:complexType>
8.   </xs:element>
9.
10.  <xs:element name="PPCell">
11.    <xs:complexType>
12.      <xs:sequence>
13.        <xs:element ref="Extension" minOccurs="0" maxOccurs="unbounded"/>
14.      </xs:sequence>
15.      <xs:attribute name="value" type="xs:string" use="required"/>
16.      <xs:attribute name="predictorName" type="FIELD-NAME" use="required"/>
17.      <xs:attribute name="parameterName" type="xs:string" use="required"/>
18.      <xs:attribute name="targetCategory" type="xs:string"/>
19.    </xs:complexType>
20.  </xs:element>
```

从上面的定义中可以看出，元素PPMatrix是由一系列的矩阵单元子元素PPCell组成，而PPCell包含了相关性值属性value、预测变量名称属性predictorName、参数名称属性parameterName和目标类别属性targetCategory四个属性。

➤ 相关性值属性value：必选属性。其值表示预测变量和参数之间的相关性，具体计算规则在后面我们将详细描述。

➤ 预测变量名称属性predictorName：必选属性。指定预测变量的名称；

➤ 参数名称属性parameterName：必选属性。指定参数的名称；

➤ 目标类别属性targetCategory：可选属性。在分类模型中，可以通过设置此属性，实现响应变量不同的类别值对应不同的PPMatrix。例如，如果在多项逻辑回归模型中，元素PPCell设置了目标类别属性，则意味着针对这个特定目标类别，从PMML模型文档中可以重建一个完整的PPMatrix。这样在评分应用过程中，为了计算这个指定目标类别的概率和其他统计信息，就可以使用这个完整的PPMatrix的信息了。默认情况下，所有响应变量的类别值共享一个给定的PPMatrix。

关于相关性值属性value的计算规则，在PMML规范中规定如下。

➤ 对于一个预测变量和一个参数，如果两者之间没有关系，则对应的相关性属性值value为空（即对应的矩阵单元也为空）。

➤ 如果一个参数涉及一个协变量，则属性value的值是参数表达式中协变量的指数大小。例如：一个因子变量jobcat和一个协变量work，如果一个参数的表达式为：[jobcat=professional] * work * work，那么，由于上式中协变量work的指数为2，则矩阵单元相关性属性值value=2。

➤ 如果一个参数涉及一个因子变量，则属性value的值将等于决定关系的因子类别值。例如：一个因子变量jobcat的取值范围是["professional"，"clerical"，"skilled"，"unskilled"]，则对于一个参数的表达式为：(jobcat, jobcat=skilled)，则对应矩阵单元相关性值属性value="skilled"。

在元素PPMatrix中，空的矩阵单元没有必要表示出来，这样能够大大减小PMML文档的空间。注意极端情况下，如果一个元素只有回归常数（截距），或者一个无参数的Cox回归模型，则元素PPMatrix是可以不出现的。

（5）参数估计协方差矩阵元素PCovMatrix

参数估计协方差矩阵PCovMatrix由一系列协方差矩阵单元子元素PCovCell组成。在PMML规范中，矩阵PCovMatrix的定义如下：

```
1.  <xs:element name="PCovMatrix">
2.    <xs:complexType>
3.      <xs:sequence>
4.        <xs:element ref="Extension" minOccurs="0" maxOccurs="unbounded"/>
5.        <xs:element maxOccurs="unbounded" ref="PCovCell"/>
6.      </xs:sequence>
7.      <xs:attribute name="type">
8.        <xs:simpleType>
9.          <xs:restriction base="xs:string">
10.            <xs:enumeration value="model"/>
11.            <xs:enumeration value="robust"/>
12.          </xs:restriction>
13.        </xs:simpleType>
14.      </xs:attribute>
15.    </xs:complexType>
16.  </xs:element>
```

```
17.
18.  <xs:element name="PCovCell">
19.    <xs:complexType>
20.      <xs:sequence>
21.        <xs:element ref="Extension" minOccurs="0" maxOccurs="unbounded"/>
22.      </xs:sequence>
23.      <xs:attribute name="pRow" type="xs:string" use="required"/>
24.      <xs:attribute name="pCol" type="xs:string" use="required"/>
25.      <xs:attribute name="tRow" type="xs:string"/>
26.      <xs:attribute name="tCol" type="xs:string"/>
27.      <xs:attribute name="value" type="REAL-NUMBER" use="required"/>
28.      <xs:attribute name="targetCategory" type="xs:string"/>
29.    </xs:complexType>
30.  </xs:element>
```

从上面的定义可以看出，参数估计协方差矩阵PCovMatrix有一个可选的矩阵计算类型属性type，它可以取值"model"或者"robust"。当模型属性distribution="generalizedLinear"时，需要指定此属性，它指定了计算协方差矩阵的方法。其中robust方式也称为Huber-White、sandwich或者HCCM。

协方差矩阵单元PCovCell主要是由五个属性组成的：

➤ 行参数名称属性pRow：必选属性，指定参数的名称（在参数列表元素ParameterList中定义）；

➤ 行目标变量取值属性tRow：可选属性。指定一个目标变量（响应变量）的具体值。对一般线性回归，此属性是可选的；

➤ 列参数名称属性pCol：必选属性。指定参数的名称；

➤ 列目标变量取值属性tCol：可选属性。指定一个目标变量（响应变量）的具体值。对一般线性回归，此属性是可选的；

➤ 目标类别属性targetCategory：可选属性。分类模型中，可以通过设置此属性，可以实现响应变量不同的类别值对应不同的PCovMatrix。

注意：参数估计协方差矩阵PCovMatrix中的每个矩阵单元是由子元素PCovCell的上述前四个属性值来定位的。

由于参数估计协方差矩阵PCovMatrix是关于主对角线对称的矩阵，所以在PMML模型文档中，只要输出一半矩阵单元就可以了，这样可大大减小文档的大小。

（6）参数矩阵元素ParamMatrix

参数矩阵ParamMatrix是一个最重要的子元素，它定义了回归模型的参数及其回归系数。它是由一系列的参数单元子元素PCell组成的。

在PMML规范中，其定义如下：

```
1.  <xs:element name="ParamMatrix">
2.    <xs:complexType>
3.      <xs:sequence>
4.        <xs:element ref="Extension" minOccurs="0" maxOccurs="unbounded"/>
5.        <xs:element ref="PCell" minOccurs="0" maxOccurs="unbounded"/>
6.      </xs:sequence>
7.    </xs:complexType>
8.  </xs:element>
9.
10. <xs:element name="PCell">
11.   <xs:complexType>
12.     <xs:sequence>
13.       <xs:element ref="Extension" minOccurs="0" maxOccurs="unbounded"/>
14.     </xs:sequence>
15.     <xs:attribute name="targetCategory" type="xs:string"/>
16.     <xs:attribute name="parameterName" type="xs:string" use="required"/>
17.     <xs:attribute name="beta" type="REAL-NUMBER" use="required"/>
18.     <xs:attribute name="df" type="INT-NUMBER"/>
19.   </xs:complexType>
20. </xs:element>
```

从上面的定义可以看出，参数单元PCell是由四个属性组成的，它们分别是：

➤ 目标变量类别值属性targetCategory：可选属性。指定了一个目标变量的类别值；
➤ 参数名称属性parameterName：必选属性。表示参数名称；
➤ 回归系数beta属性：必选属性。表示参数的回归系数值；
➤ 自由度属性df：可选属性。指定参数的自由度。

对于定序逻辑回归模型（distribution="ordinalMultinomial"）来说，ParamMatrix为每一个等级类别指定了对应的截距（除了最后一个类别），其他回归系数对于不同的等级类别来说都是一样的（请参加前面讲述"定序多项逻辑回归"的内容）。

对于多项逻辑回归模型（distribution="multinomialLogistic"）来说，ParamMatrix为每一个类别指定了对应的截距和回归系数（除了参考类别）。

（7）事件值集合元素EventValues

这个子元素适用于Cox回归（distribution="CoxRegression"）。它可以包含一系列值元素 Value 或者区间元素 Interval，用来描述 Cox 回归中事件发生的情况。也就是说，如果观测对象状态的值等于值元素 Value 设置的值，或者处于区间元素 Interval 指定的区间内，则表示"事件"发生了，如患者死亡、客户流失、零件失效等等。

关于值元素 Value 和区间元素 Interval 的详细知识，请参见笔者的另外一本书《PMML 建模标准语言基础》。

在 PMML 规范中，其定义如下：

```
1.  <xs:element name="EventValues">
2.    <xs:complexType>
3.      <xs:sequence>
4.        <xs:element ref="Extension" minOccurs="0" maxOccurs="unbounded"/>
5.        <xs:element minOccurs="0" maxOccurs="unbounded" ref="Value"/>
6.        <xs:element minOccurs="0" maxOccurs="unbounded" ref="Interval"/>
7.      </xs:sequence>
8.    </xs:complexType>
9.  </xs:element>
```

（8）基线累积危险值表元素 BaseCumHazardTables

这个子元素适用于 Cox 回归（distribution="CoxRegression"）。元素 BaseCumHazardTables 包含了各个基于基线的累积危险函数的值，它是由基线分层子元素 BaselineStratum、基线单元子元素 BaselineCell 以及一个可选的最大时间数目 maxTime 组成。下面我们详细介绍一下这两个子元素。

① 基线分层元素 BaselineStratum　这是一个可选的子元素。如果出现了，则它包含了一个基线单元元素 BaselineCell 的集合，另外它有三个属性：

◇值属性 value：必选属性，指定了一个回归分层的值（相当于分组）；
◇标签属性 label：可选属性，给予值属性的一个描述性的内容；
◇最大时间数目 maxTime：必选属性，指定了最大的时间数目。

一旦模型中出现了 BaselineStratum 元素，则元素 BaseCumHazardTables 会为每一个分层值属性 value 建立一个列表。我们在后面的例子中会给予详细的说明。

② 基线单元元素 BaselineCell　这个子元素是构成基线累积危险值表元素 BaseCumHazardTables 的最基本单位，它由两个必选属性组成：

◇当前时间数目属性 time：必须属性，指定累积危险函数值对应的时间；
◇累积危险函数值 cumHazard：必选属性，指定了与属性 time 对应的累积危险函数值。

在 PMML 规范中，基线累积危险值表元素 BaseCumHazardTables 及其子元素的定义如下：

```
1.  <xs:element name="BaseCumHazardTables">
2.    <xs:complexType>
3.      <xs:sequence>
4.        <xs:element ref="Extension" minOccurs="0" maxOccurs="unbounded"/>
5.        <xs:choice>
6.          <xs:element maxOccurs="unbounded" ref="BaselineStratum"/>
7.          <xs:element maxOccurs="unbounded" ref="BaselineCell"/>
8.        </xs:choice>
9.      </xs:sequence>
10.     <xs:attribute name="maxTime" type="REAL-NUMBER" use="optional"/>
11.   </xs:complexType>
12.  </xs:element>
13.
14.  <xs:element name="BaselineStratum">
15.    <xs:complexType>
16.      <xs:sequence>
17.        <xs:element ref="Extension" minOccurs="0" maxOccurs="unbounded"/>
18.        <xs:element minOccurs="0" maxOccurs="unbounded" ref="BaselineCell"/>
19.      </xs:sequence>
20.      <xs:attribute name="value" type="xs:string" use="required"/>
21.      <xs:attribute name="label" type="xs:string"/>
22.      <xs:attribute name="maxTime" type="REAL-NUMBER" use="required"/>
23.    </xs:complexType>
24.  </xs:element>
25.
26.  <xs:element name="BaselineCell">
27.    <xs:complexType>
28.      <xs:sequence>
29.        <xs:element ref="Extension" minOccurs="0" maxOccurs="unbounded"/>
30.      </xs:sequence>
31.      <xs:attribute name="time" type="REAL-NUMBER" use="required"/>
32.      <xs:attribute name="cumHazard" type="REAL-NUMBER" use="required"/>
33.    </xs:complexType>
34.  </xs:element>
```

6.3.3 评分应用过程

在模型生成之后，就可以应用于新数据进行评分了，这是一个应用模型的过程。

在本节中，我们将通过几个实例来详细说明通用回归模型的组成、模型评分应用的过程。在本节的多个实例中将用到表 6-4 ～表 6-6 中的信息。

表6-4　实例中使用的变量信息

变量名称	变量（作用）类型	类别数目	类别值范围（编码数值）
JOBCAT	目标变量（响应变量）	7	Clerical(1) Office trainee(2) Security officer(3) College trainee(4) Exempt employee(5) MBA trainee(6) Technical(7)
SEX	因子变量	2	Male(0) Female(1)
MINORITY	因子变量	2	Non-Minority(0) Minority(1)
AGE	协变量		
WORK	协变量		

表6-5　实例中使用的参数及对应的回归系数等信息

参数及回归系数估计				
JOBCAT（职位类别，参考类别为"Technical(7)"）		β（回归系数）	df（自由度）	备注
Clerical	Intercept	26.836	1	
	[sex=0]	−.719	1	
	[sex=1]	0	0	（1）
	[sex=0] * [minority=0]	−19.214	1	
	[sex=0] * [minority=1]	0	0	（1）
	[sex=1] * [minority=0]	−.114	1	
	[sex=1] * [minority=1]	0	0	（1）
	age	−.133	1	
	work	7.885E-02	1	
Office trainee	Intercept	31.077	1	
	[sex=0]	−0.869	1	
	[sex=1]	0	0	（1）
	[sex=0] * [minority=0]	−18.990	1	
	[sex=0] * [minority=1]	0	0	（1）
	[sex=1] * [minority=0]	1.010	1	
	[sex=1] * [minority=1]	0	0	（1）
	age	−.300	1	
	work	.152	1	

续表

参数及回归系数估计			
JOBCAT（职位类别，参考类别为"Technical(7)"）		β（回归系数）	df（自由度）	备注

JOBCAT（职位类别，参考类别为"Technical(7)"）		β（回归系数）	df（自由度）	备注
Security officer	Intercept	6.836	1	
	[sex=0]	16.305	1	
	[sex=1]	0	0	（1）
	[sex=0] * [minority=0]	−20.041	1	
	[sex=0] * [minority=1]	0	0	（1）
	[sex=1] * [minority=0]	−.730	1	
	[sex=1] * [minority=1]	0	0	（1）
	age	−.156	1	
	work	.267	1	
College trainee	Intercept	8.816	1	
	[sex=0]	15.264	1	
	[sex=1]	0	0	（1）
	[sex=0] * [minority=0]	−16.799	1	
	[sex=0] * [minority=1]	0	0	（1）
	[sex=1] * [minority=0]	16.480	1	
	[sex=1] * [minority=1]	0	0	（1）
	age	−.133	1	
	work	−.160	1	
Exempt employee	Intercept	5.862	1	
	[sex=0]	16.437	1	
	[sex=1]	0	0	（1）
	[sex=0] * [minority=0]	−17.309	1	
	[sex=0] * [minority=1]	0	0	（1）
	[sex=1] * [minority=0]	15.888	1	
	[sex=1] * [minority=1]	0	0	（1）
	age	−.105	1	
	work	6.914E-02	1	

续表

参数及回归系数估计			
JOBCAT（职位类别，参考类别为"Technical(7)"）	β（回归系数）	df（自由度）	备注
Intercept	6.495	1	
[sex=0]	17.297	1	
[sex=1]	0	0	（1）
[sex=0] * [minority=0]	−19.098	1	
[sex=0] * [minority=1]	0	0	（1）
[sex=1] * [minority=0]	16.841	1	
[sex=1] * [minority=1]	0	0	（1）
age	−.141	1	
work	−5.058E-02	1	

注：JOBCAT 行中左侧合并单元格为 "MBA trainee"。

（1）此参数设置为零，因为它是冗余的

表6-6　实例中使用的预测变量-参数相关性矩阵PPMatrix信息

参数 / 预测变量	SEX	MINORITY	AGE	WORK
Intercept				
[SEX = 0]	0			
[SEX = 1]	1			
[MINORITY = 0]（[SEX = 0]）	0	0		
[MINORITY = 1]（[SEX = 0]）	0	1		
[MINORITY = 0]（[SEX = 1]）	1	0		
[MINORITY = 1]（[SEX = 1]）	1	1		
AGE			1	
WORK				1

有了上面的信息，下面我们以实例的方式讲解上面讲述的内容。

（1）多项逻辑回归的例子

这是一个多项逻辑回归的例子（distribution="multinomialLogistic"）。在这个例子中，PPMatrix 对每个目标变量的类别都是一样的。

请先看一下比较完整的 PMML 模型文档。

```
1.  <PMML xmlns="http://www.dmg.org/PMML-4_3" version="4.3">
2.    <Header copyright="dmg.org"/>
3.    <DataDictionary numberOfFields="5">
4.      <DataField name="jobcat" optype="categorical" dataType="double">
5.        <Value value="1" displayValue="Clerical"/>
6.        <Value value="2" displayValue="Office trainee"/>
7.        <Value value="3" displayValue="Security officer"/>
8.        <Value value="4" displayValue="College trainee"/>
9.        <Value value="5" displayValue="Exempt employee"/>
10.       <Value value="6" displayValue="MBA trainee"/>
11.       <Value value="7" displayValue="Technical"/>
12.     </DataField>
13.     <DataField name="minority" optype="categorical" dataType="double">
14.       <Value value="0" displayValue="Non-Minority"/>
15.       <Value value="1" displayValue="Minority"/>
16.     </DataField>
17.     <DataField name="sex" optype="categorical" dataType="double">
18.       <Value value="0" displayValue="Male"/>
19.       <Value value="1" displayValue="Female"/>
20.     </DataField>
21.     <DataField name="age" optype="continuous" dataType="double"/>
22.     <DataField name="work" optype="continuous" dataType="double"/>
23.   </DataDictionary>
24.
25.   <GeneralRegressionModel modelType="multinomialLogistic" functionName
="classification" targetReferenceCategory="7">
26.
27.     <MiningSchema>
28.       <MiningField name="jobcat" usageType="target"/>
29.       <MiningField name="minority" usageType="active"/>
30.       <MiningField name="sex" usageType="active"/>
31.       <MiningField name="age" usageType="active"/>
32.       <MiningField name="work" usageType="active"/>
33.     </MiningSchema>
34.
35.     <ParameterList>
36.       <Parameter name="p0" label="Intercept"/>
```

```
37.        <Parameter name="p1" label="[SEX=0]"/>
38.        <Parameter name="p2" label="[SEX=1]"/>
39.        <Parameter name="p3" label="[MINORITY=0]([SEX=0])"/>
40.        <Parameter name="p4" label="[MINORITY=1]([SEX=0])"/>
41.        <Parameter name="p5" label="[MINORITY=0]([SEX=1])"/>
42.        <Parameter name="p6" label="[MINORITY=1]([SEX=1])"/>
43.        <Parameter name="p7" label="age"/>
44.        <Parameter name="p8" label="work"/>
45.    </ParameterList>
46.
47.    <FactorList>
48.      <Predictor name="sex"/>
49.      <Predictor name="minority"/>
50.    </FactorList>
51.
52.    <CovariateList>
53.      <Predictor name="age"/>
54.      <Predictor name="work"/>
55.    </CovariateList>
56.
57.    <PPMatrix>
58.      <PPCell value="0" predictorName="sex" parameterName="p1"/>
59.      <PPCell value="1" predictorName="sex" parameterName="p2"/>
60.      <PPCell value="0" predictorName="sex" parameterName="p3"/>
61.      <PPCell value="0" predictorName="sex" parameterName="p4"/>
62.      <PPCell value="1" predictorName="sex" parameterName="p5"/>
63.      <PPCell value="1" predictorName="sex" parameterName="p6"/>
64.      <PPCell value="0" predictorName="minority" parameterName="p3"/>
65.      <PPCell value="1" predictorName="minority" parameterName="p4"/>
66.      <PPCell value="0" predictorName="minority" parameterName="p5"/>
67.      <PPCell value="1" predictorName="minority" parameterName="p6"/>
68.      <PPCell value="1" predictorName="age" parameterName="p7"/>
```

```
69.        <PPCell value="1" predictorName="work" parameterName="p8"/>
70.      </PPMatrix>
71.
72.      <ParamMatrix>
73.        <PCell targetCategory="1" parameterName="p0" beta="26.836" df="1"/>
74.        <PCell targetCategory="1" parameterName="p1" beta="-.719" df="1"/>
75.        <PCell targetCategory="1" parameterName="p3" beta="-19.214" df="1"/>
76.        <PCell targetCategory="1" parameterName="p5" beta="-.114" df="1"/>
77.        <PCell targetCategory="1" parameterName="p7" beta="-.133" df="1"/>
78.        <PCell targetCategory="1" parameterName="p8" beta="7.885E-02" df="1"/>
79.        <PCell targetCategory="2" parameterName="p0" beta="31.077" df="1"/>
80.        <PCell targetCategory="2" parameterName="p1" beta="-.869" df="1"/>
81.        <PCell targetCategory="2" parameterName="p3" beta="-18.99" df="1"/>
82.        <PCell targetCategory="2" parameterName="p5" beta="1.01" df="1"/>
83.        <PCell targetCategory="2" parameterName="p7" beta="-.3" df="1"/>
84.        <PCell targetCategory="2" parameterName="p8" beta=".152" df="1"/>
85.        <PCell targetCategory="3" parameterName="p0" beta="6.836" df="1"/>
86.        <PCell targetCategory="3" parameterName="p1" beta="16.305" df="1"/>
87.        <PCell targetCategory="3" parameterName="p3" beta="-20.041" df="1"/>
88.        <PCell targetCategory="3" parameterName="p5" beta="-.73" df="1"/>
89.        <PCell targetCategory="3" parameterName="p7" beta="-.156" df="1"/>
90.        <PCell targetCategory="3" parameterName="p8" beta=".267" df="1"/>
91.        <PCell targetCategory="4" parameterName="p0" beta="8.816" df="1"/>
92.        <PCell targetCategory="4" parameterName="p1" beta="15.264" df="1"/>
93.        <PCell targetCategory="4" parameterName="p3" beta="-16.799" df="1"/>
94.        <PCell targetCategory="4" parameterName="p5" beta="16.48" df="1"/>
95.        <PCell targetCategory="4" parameterName="p7" beta="-.133" df="1"/>
96.        <PCell targetCategory="4" parameterName="p8" beta="-.16" df="1"/>
97.        <PCell targetCategory="5" parameterName="p0" beta="5.862" df="1"/>
```

```
98.          <PCell targetCategory="5" parameterName="p1" beta="16.437" df="1"/>
99.          <PCell targetCategory="5" parameterName="p3" beta="-17.309" df="1"/>
100.         <PCell targetCategory="5" parameterName="p5" beta="15.888" df="1"/>
101.         <PCell targetCategory="5" parameterName="p7" beta="-.105" df="1"/>
102.         <PCell targetCategory="5" parameterName="p8" beta="6.914E-02" df="1"/>
103.         <PCell targetCategory="6" parameterName="p0" beta="6.495" df="1"/>
104.         <PCell targetCategory="6" parameterName="p1" beta="17.297" df="1"/>
105.         <PCell targetCategory="6" parameterName="p3" beta="-19.098" df="1"/>
106.         <PCell targetCategory="6" parameterName="p5" beta="16.841" df="1"/>
107.         <PCell targetCategory="6" parameterName="p7" beta="-.141" df="1"/>
108.         <PCell targetCategory="6" parameterName="p8" beta="-5.058E-02" df="1"/>
109.      </ParamMatrix>
110.
111.   </GeneralRegressionModel>
112.
113. </PMML>
```

上面的 PMML 文档代表了一个多项逻辑回归的模型。下面我们对如何把这个模型应用于新的观测数据进行评分应用的流程做一个详细的说明。新的观测数据是：sex=1, minority=0, age=25, work=4。

评分应用的步骤如下。

➤ 第一步，解析整个模型文档，重构 PPMatrix 和 ParamMatrix。

➤ 第二步，为了能够把新的观测数据应用于模型，需要构建输入数据向量 x，其长度与模型中参数的个数 N 相等。构建向量 x 的步骤如下（ $i=0 \sim N-1$ ）。

✓ 如果 PPMatrix 的第 i 行的单元全部为空，则说明这个参数是一个截距，此时设置 $x_i=1$。

✓ 如果 PPMatrix 的第 i 行不为空（即至少有一个矩阵单元不为空，下同），并且参数是由一个或多个因子变量的值组成。在此前提条件下，如果新的数据能够与此参数匹配，则设置 $x_i=1$ ；否则 $x_i=0$。

✓ 如果 PPMatrix 的第 i 行不为空，并且参数是由一个协变量组成的，并且此行对应的矩阵单元值为 r（此种情况下，只有这一个矩阵单元不为空）。此时，r 就是此参数中协变量的指数，此时设置 $x_i=c^r$，其中 c 为此协变量在新数据中的值。

✓ 如果 PPMatrix 的第 i 行不为空，并且参数是由 k 个协变量组成的，并且此行对应的 k 个协变量的单元值为 r_1、$r_2 \cdots r_k$。此时设置 x_i（其中 c_1、$c_2 \cdots c_k$ 为 k 个协变量在新数据中的值）为：

$$x_i = \prod_{j=1}^{k} c_j^{r_j}$$

✔如果 PPMatrix 的第 i 行不为空，并且参数是由一个或多个因子变量以及一个或多个协变量共同组成的，此种情况下，如果新的数据中因子变量的值能够与此参数中因子变量的值匹配，则 x_i 值按照上一条方法连乘获得；如果不匹配，则设置 $x_i = 0$。

➤ 第三步，对于每一个响应变量的类别值 j，设 β_j 为对应着类别值 j 的回归系数向量〔注意，对于参考类别（这里是最后一个类别） k，$\beta_k = 0$〕，设 $r_j = \langle x, \beta_j \rangle$ 即两个向量的内积。计算 $s_j = e^{r_j}$，则一个新数据属于类别 j 的概率 p_j 为：

$$p_j = \frac{s_j}{s_1 + s_2 + \cdots + s_k}$$

➤ 第四步，确定新数据属于哪个类别。从第三步计算出的 k 个 $p_j (j = 1 \sim k)$ 中找出最大的 p_j 值，则新数据就属于 p_j 值中最大的那个类别。`

（2）一般线性回归的例子

这是一个一般线性回归的例子（distribution= "generalLinear"）。这个例子使用和上一个例子相同的模型信息，但是在这个例子中，我们把目标变量 JOBCAT 看作是一个连续型变量。

请先看一下本例的模型文档。

```xml
1.  <PMML xmlns="http://www.dmg.org/PMML-4_3" version="4.3">
2.    <Header copyright="dmg.org"/>
3.    <DataDictionary numberOfFields="5">
4.      <DataField name="jobcat" optype="continuous" dataType="double"/>
5.      <DataField name="minority" optype="categorical" dataType="double"/>
6.      <DataField name="sex" optype="categorical" dataType="double"/>
7.      <DataField name="age" optype="continuous" dataType="double"/>
8.      <DataField name="work" optype="continuous" dataType="double"/>
9.    </DataDictionary>
10.
11.   <GeneralRegressionModel modelType="generalLinear" functionName="regression">
12.
13.     <MiningSchema>
14.       <MiningField name="jobcat" usageType="target"/>
15.       <MiningField name="minority" usageType="active"/>
16.       <MiningField name="sex" usageType="active"/>
```

```
17.        <MiningField name="age" usageType="active"/>
18.        <MiningField name="work" usageType="active"/>
19.     </MiningSchema>
20.
21.     <ParameterList>
22.       <Parameter name="p0" label="Intercept"/>
23.       <Parameter name="p1" label="[SEX=0]"/>
24.       <Parameter name="p2" label="[SEX=1]"/>
25.       <Parameter name="p3" label="[MINORITY=0]([SEX=0])"/>
26.       <Parameter name="p4" label="[MINORITY=1]([SEX=0])"/>
27.       <Parameter name="p5" label="[MINORITY=0]([SEX=1])"/>
28.       <Parameter name="p6" label="[MINORITY=1]([SEX=1])"/>
29.       <Parameter name="p7" label="age"/>
30.       <Parameter name="p8" label="work"/>
31.     </ParameterList>
32.
33.     <FactorList>
34.       <Predictor name="sex"/>
35.       <Predictor name="minority"/>
36.     </FactorList>
37.
38.     <CovariateList>
39.       <Predictor name="age"/>
40.       <Predictor name="work"/>
41.     </CovariateList>
42.
43.     <PPMatrix>
44.       <PPCell value="0" predictorName="sex" parameterName="p1"/>
45.       <PPCell value="1" predictorName="sex" parameterName="p2"/>
46.       <PPCell value="0" predictorName="sex" parameterName="p3"/>
47.       <PPCell value="0" predictorName="sex" parameterName="p4"/>
48.       <PPCell value="1" predictorName="sex" parameterName="p5"/>
49.       <PPCell value="1" predictorName="sex" parameterName="p6"/>
50.       <PPCell value="0" predictorName="minority" parameterName="p3"/>
51.       <PPCell value="1" predictorName="minority" parameterName="p4"/>
52.       <PPCell value="0" predictorName="minority" parameterName="p5"/>
```

```
53.        <PPCell value="1" predictorName="minority" parameterName="p6"/>
54.        <PPCell value="1" predictorName="age" parameterName="p7"/>
55.        <PPCell value="1" predictorName="work" parameterName="p8"/>
56.    </PPMatrix>
57.
58.    <ParamMatrix>
59.        <PCell parameterName="p0" beta="1.602" df="1"/>
60.        <PCell parameterName="p1" beta="0.580" df="1"/>
61.        <PCell parameterName="p3" beta="0.831" df="1"/>
62.        <PCell parameterName="p5" beta="0.429" df="1"/>
63.        <PCell parameterName="p7" beta="-0.012" df="1"/>
64.        <PCell parameterName="p8" beta="0.010" df="1"/>
65.    </ParamMatrix>
66.
67.    </GeneralRegressionModel>
68.
69. </PMML>
```

上面的 PMML 文档代表了一个一般线性回归的模型。本例的评分应用的流程与上一个例子类似，不过也有不同的地方，我们对此做一个详细的说明。新的观测数据是：sex=1, minority=0, age=25, work=4。

评分应用的步骤如下。

➤ 第一步，解析整个模型文档，重构 PPMatrix 和 ParamMatrix。

➤ 第二步，为了能够把新的观测数据应用于模型，需要构建输入数据向量 x，其长度与模型中参数的个数 N 相等。构建向量 x 的规则如下（下面 $i=0 \sim N-1$）。

✓ 如果 PPMatrix 的第 i 行的单元全部为空，则说明这个参数是一个截距，此时设置 $x_i=1$。

✓ 如果 PPMatrix 的第 i 行不为空（即至少有一个矩阵单元不为空，下同），并且参数是由一个或多个因子变量的值组成。在此前提条件下，如果新的数据能够与此参数匹配，则设置 $x_i=1$；否则 $x_i=0$。

✓ 如果 PPMatrix 的第 i 行不为空，并且参数是由一个协变量组成的，并且此行对应的矩阵单元值为 r（此种情况下，只有这一个矩阵单元不为空）。此时，r 就是此参数中协变量的指数，此时设置 $x_i = c^r$，其中 c 为此协变量在新数据中的值。

✓ 如果 PPMatrix 的第 i 行不为空，并且参数是由 k 个协变量组成的，并且此行对应的 k 个协变量的单元值为 r_1、$r_2 \cdots r_k$，此时设置 x_i（其中 c_1、$c_2 \cdots c_k$ 为 k 个协变量在新数据中的值）为

$$x_i = \prod_{j=1}^{k} c_j^{r_j}$$

✓如果 PPMatrix 的第 i 行不为空，并且参数是由一个或多个因子变量以及一个或多个协变量共同组成的，此种情况下，如果新的数据中因子变量的值能够与此参数中因子变量的值匹配，则 x_i 值按照上一条方法连乘获得；如果不匹配，则设置 $x_i=0$。

➤ 第三步，设 β 为回归系数向量，则 $r=\langle x,\beta \rangle$，即两个向量的内积就是新数据的回归预测值。

（3）定序多项逻辑回归的例子

这是一个定序多项逻辑回归的例子（distribution="ordinalMultinomial"）。这个例子使用和上一个例子相同的模型信息，但是在这个例子中，我们把目标变量 JOBCAT 看作是一个定序型变量。我们知道，定序型变量的取值类别的顺序是非常重要的，这些类别值列表来自属性 optype="ordinal" 的目标字段，此时目标变量取值的顺序就是类别列表的顺序。

请先看一下本例的模型文档。

```
1.  <PMML xmlns="http://www.dmg.org/PMML-4_3" version="4.3">
2.  <Header copyright="dmg.org"/>
3.  <DataDictionary numberOfFields="5">
4.  <DataField name="jobcat" optype="ordinal" dataType="integer">
5.      <Value value="1" displayValue="Clerical"/>
6.      <Value value="2" displayValue="Office trainee"/>
7.      <Value value="3" displayValue="Security officer"/>
8.      <Value value="4" displayValue="College trainee"/>
9.      <Value value="5" displayValue="Exempt employee"/>
10.     <Value value="6" displayValue="MBA trainee"/>
11.     <Value value="7" displayValue="Technical"/>
12.  </DataField>
13.  <DataField name="minority" optype="categorical" dataType="double">
14.     <Value value="0" displayValue="Non-Minority"/>
15.     <Value value="1" displayValue="Minority"/>
16.  </DataField>
17.  <DataField name="sex" optype="categorical" dataType="double">
18.     <Value value="0" displayValue="Male"/>
19.     <Value value="1" displayValue="Female"/>
20.  </DataField>
```

```
21.        <DataField name="age" optype="continuous" dataType="double"/>
22.        <DataField name="work" optype="continuous" dataType="double"/>
23.    </DataDictionary>
24.
25.    <GeneralRegressionModel modelType="ordinalMultinomial" functionName=
"classification" cumulativeLink="logit">
26.
27.        <MiningSchema>
28.          <MiningField name="jobcat" usageType="target"/>
29.          <MiningField name="minority" usageType="active"/>
30.          <MiningField name="sex" usageType="active"/>
31.          <MiningField name="age" usageType="active"/>
32.          <MiningField name="work" usageType="active"/>
33.        </MiningSchema>
34.
35.        <ParameterList>
36.          <Parameter name="p0" label="Intercept"/>
37.          <Parameter name="p1" label="[SEX=0]"/>
38.          <Parameter name="p2" label="[SEX=1]"/>
39.          <Parameter name="p3" label="[MINORITY=0]([SEX=0])"/>
40.          <Parameter name="p4" label="[MINORITY=1]([SEX=0])"/>
41.          <Parameter name="p5" label="[MINORITY=0]([SEX=1])"/>
42.          <Parameter name="p6" label="[MINORITY=1]([SEX=1])"/>
43.          <Parameter name="p7" label="age"/>
44.          <Parameter name="p8" label="work"/>
45.        </ParameterList>
46.
47.        <FactorList>
48.          <Predictor name="sex"/>
49.          <Predictor name="minority"/>
50.        </FactorList>
51.
52.        <CovariateList>
53.          <Predictor name="age"/>
54.          <Predictor name="work"/>
```

```
55.      </CovariateList>
56.
57.      <PPMatrix>
58.          <PPCell value="0" predictorName="sex" parameterName="p1"/>
59.          <PPCell value="1" predictorName="sex" parameterName="p2"/>
60.          <PPCell value="0" predictorName="sex" parameterName="p3"/>
61.          <PPCell value="0" predictorName="sex" parameterName="p4"/>
62.          <PPCell value="1" predictorName="sex" parameterName="p5"/>
63.          <PPCell value="1" predictorName="sex" parameterName="p6"/>
64.          <PPCell value="0" predictorName="minority" parameterName="p3"/>
65.          <PPCell value="1" predictorName="minority" parameterName="p4"/>
66.          <PPCell value="0" predictorName="minority" parameterName="p5"/>
67.          <PPCell value="1" predictorName="minority" parameterName="p6"/>
68.          <PPCell value="1" predictorName="age" parameterName="p7"/>
69.          <PPCell value="1" predictorName="work" parameterName="p8"/>
70.      </PPMatrix>
71.
72.      <ParamMatrix>
73.          <PCell targetCategory="1" parameterName="p0" beta="-0.683" df="1"/>
74.          <PCell targetCategory="2" parameterName="p0" beta="0.723" df="1"/>
75.          <PCell targetCategory="3" parameterName="p0" beta="1.104" df="1"/>
76.          <PCell targetCategory="4" parameterName="p0" beta="1.922" df="1"/>
77.          <PCell targetCategory="5" parameterName="p0" beta="3.386" df="1"/>
78.          <PCell targetCategory="6" parameterName="p0" beta="4.006" df="1"/>
79.          <PCell parameterName="p1" beta="1.096" df="1"/>
80.          <PCell parameterName="p3" beta="0.957" df="1"/>
81.          <PCell parameterName="p5" beta="1.149" df="1"/>
82.          <PCell parameterName="p7" beta="-0.067" df="1"/>
83.          <PCell parameterName="p8" beta="0.060" df="1"/>
84.      </ParamMatrix>
85.
86.  </GeneralRegressionModel>
87.
88. </PMML>
```

上面的PMML文档代表了一个一定序逻辑回归的模型。本例的评分应用的流程与第一个例子类似，不过也有不同的地方，我们对此做一个详细的说明。新的观测数据是：sex=1, minority=0, age=25, work=4。

评分应用的步骤如下。

➤ 第一步，解析整个模型文档，重构PPMatrix和ParamMatrix。

➤ 第二步，为了能够把新的观测数据应用于模型，需要构建输入数据向量x，其长度与模型中参数的个数N相等。构建向量x的规则如下（下面i=0 ~ $N-1$）。

✔ 如果PPMatrix的第i行的单元全部为空，则说明这个参数是一个截距，此时设置x_i=1。

✔ 如果PPMatrix的第i行不为空（即至少有一个矩阵单元不为空，下同），并且参数是由一个或多个因子变量的值组成。在此前提条件下，如果新的数据能够与此参数匹配，则设置x_i=1；否则x_i=0。

✔ 如果PPMatrix的第i行不为空，并且参数是由一个协变量组成的，并且此行对应的矩阵单元值为r（此种情况下，只有这一个矩阵单元不为空）。此时，r就是此参数中协变量的指数，此时设置$x_i=c^r$，其中c为此协变量在新数据中的值。

✔ 如果PPMatrix的第i行不为空，并且参数是由k个协变量组成的，并且此行对应的k个协变量的单元值为r_1、$r_2\cdots r_k$。此时设置x_i（其中c_1、$c_2\cdots c_k$为k个协变量在新数据中的值）为：

$$x_i=\prod_{j=1}^{k}c_j^{r_j}$$

✔ 如果PPMatrix的第i行不为空，并且参数是由一个或多个因子变量以及一个或多个协变量共同组成的，此种情况下如果新的数据中因子变量的值能够与此参数中因子变量的值匹配，则x_i值按照上一条方法连乘获得；如果不匹配，则设置x_i=0。

➤ 第三步，获取偏置变量offsetVariable或者偏置值offsetValue，以a表示：

● 如果存在offsetVariable（变量），则a= 观测数据中对应变量的值；

● 如果存在offsetValue，则a=offsetValue；

● 其他情况下，a=0。

➤ 第四步，计算目标变量的类别值依次顺序排列的累积概率。

如果定序目标变量只有两个类别，则连接函数的反函数将回归方程的预测值转换为第一个类别发生的概率；如果定序目标变量具有两个以上的类别，则模型文档中会为每一个类别提供一个不同的截距参数（最后一个类别除外），连接函数的反函数将不同类别的回归方程（对应不同的截距）的预测值转换为相应类别发生的累积概率（请参见前面"定序多项逻辑回归"的内容）。

➤ 第五步，分别计算出目标变量的每个类别发生的概率，并据此判断新数据所属的类别。

对于只有两个类别的定序目标变量，在第四步已经计算出第一个类别发生的概率

$p1$，则第二个类别的概率，则第二个类别的概率为（$1-p1$）；对于具有两个以上类的定序目标变量，根据前面"定序多项逻辑回归"内容中的公式，分别计算出每个类别独自发生的概率。

在计算出每个类别发生的概率后，则新数据归属于发生概率最大的类别。

（4）简单线性回归的例子

这是一个简单线性回归的例子（distribution="regression"）。这个例子使用和上一个例子相同的模型信息。但是在这个例子中，只使用了两个连续型预测变量（age 和 work），并且把目标变量 JOBCAT 看作是一个连续型变量。

请先看一下本例的模型文档。

```xml
1.  <PMML xmlns="http://www.dmg.org/PMML-4_3" version="4.3">
2.    <Header copyright="dmg.org"/>
3.    <DataDictionary numberOfFields="5">
4.      <DataField name="jobcat" optype="continuous" dataType="double"/>
5.      <DataField name="minority" optype="continuous" dataType="double"/>
6.      <DataField name="sex" optype="continuous" dataType="double"/>
7.      <DataField name="age" optype="continuous" dataType="double"/>
8.      <DataField name="work" optype="continuous" dataType="double"/>
9.    </DataDictionary>
10.
11.   <GeneralRegressionModel modelType="regression" functionName="regression">
12.
13.     <MiningSchema>
14.       <MiningField name="jobcat" usageType="target"/>
15.       <MiningField name="age" usageType="active"/>
16.       <MiningField name="work" usageType="active"/>
17.     </MiningSchema>
18.
19.     <ParameterList>
20.       <Parameter name="p0" label="Intercept"/>
21.       <Parameter name="p1" label="age"/>
22.       <Parameter name="p2" label="work"/>
23.     </ParameterList>
24.
25.     <CovariateList>
26.       <Predictor name="age"/>
```

```
27.          <Predictor name="work"/>
28.      </CovariateList>
29.
30.      <PPMatrix>
31.          <PPCell value="1" predictorName="age" parameterName="p1"/>
32.          <PPCell value="1" predictorName="work" parameterName="p2"/>
33.      </PPMatrix>
34.
35.      <ParamMatrix>
36.          <PCell parameterName="p0" beta="2.922" df="1"/>
37.          <PCell parameterName="p1" beta="-0.031" df="1"/>
38.          <PCell parameterName="p2" beta="0.034" df="1"/>
39.      </ParamMatrix>
40.
41.  </GeneralRegressionModel>
42.
43.  </PMML>
```

上面的 PMML 文档代表了一个简单线性回归的模型，这类模型的评分应用的流程比较简单，我们对此做一个详细的说明。新的观测数据是：age=25, work=4。

评分应用的步骤如下。

➤ 第一步，解析整个模型文档，重构 PPMatrix 和 ParamMatrix。

➤ 第二步，为了能够把新的观测数据应用于模型，需要构建输入数据向量x，其长度与模型中参数的个数N相等。构建向量x的规则如下（下面$i=0 \sim N-1$）。

✓ 如果 PPMatrix 的第i行的单元全部为空，则说明这个参数是一个截距，此时设置$x_i=1$。

✓ 如果 PPMatrix 的第i行不为空，并且参数是由一个协变量组成的，并且此行对应的矩阵单元值为r（此种情况下，只有这一个矩阵单元不为空）。此时，r就是此参数中协变量的指数，由于此模型为简单线性回归，所以$r=1$。此时设置$x_i=c$，其中c为此协变量在新数据中的值。

➤ 第三步，获取回归系数向量β，计算与输入数据向量x的内积，就是输入数据的预测值。$r=\langle x,\beta \rangle$即两个向量的内积。

（5）广义线性回归的例子

这是一个广义线性回归的例子（distribution="generalizedLinear"）。这个例子使用和前面几个例子相同的模型信息。但是在这个例子中，预测变量既有分类型变量，也有连续型变量，并且把目标变量 JOBCAT 看作是一个连续型变量。

请先看一下本例的模型文档。

```
1.  <PMML xmlns="http://www.dmg.org/PMML-4_3" version="4.3">
2.     <Header copyright="dmg.org"/>
3.     <DataDictionary numberOfFields="5">
4.        <DataField name="jobcat" optype="continuous" dataType="double"/>
5.        <DataField name="minority" optype="categorical" dataType="double"/>
6.        <DataField name="sex" optype="categorical" dataType="double"/>
7.        <DataField name="age" optype="continuous" dataType="double"/>
8.        <DataField name="work" optype="continuous" dataType="double"/>
9.     </DataDictionary>
10.
11.    <GeneralRegressionModel modelType="generalizedLinear" modelName="GZL
M" functionName="regression" distribution="gamma" linkFunction="power" lin
kParameter="-1" offsetValue="3">
12.
13.        <MiningSchema>
14.          <MiningField name="jobcat" usageType="target"/>
15.          <MiningField name="minority" usageType="active"/>
16.          <MiningField name="sex" usageType="active"/>
17.          <MiningField name="age" usageType="active"/>
18.          <MiningField name="work" usageType="active"/>
19.        </MiningSchema>
20.
21.        <ParameterList>
22.          <Parameter name="p0" label="Intercept"/>
23.          <Parameter name="p1" label="[SEX=0]"/>
24.          <Parameter name="p2" label="[SEX=1]"/>
25.          <Parameter name="p3" label="[MINORITY=0]([SEX=0])"/>
26.          <Parameter name="p4" label="[MINORITY=1]([SEX=0])"/>
27.          <Parameter name="p5" label="[MINORITY=0]([SEX=1])"/>
28.          <Parameter name="p6" label="[MINORITY=1]([SEX=1])"/>
29.          <Parameter name="p7" label="age"/>
30.          <Parameter name="p8" label="work"/>
31.        </ParameterList>
32.
33.        <FactorList>
34.          <Predictor name="sex"/>
```

```
35.          <Predictor name="minority"/>
36.      </FactorList>
37.
38.      <CovariateList>
39.        <Predictor name="age"/>
40.        <Predictor name="work"/>
41.      </CovariateList>
42.
43.      <PPMatrix>
44.        <PPCell value="0" predictorName="sex" parameterName="p1"/>
45.        <PPCell value="1" predictorName="sex" parameterName="p2"/>
46.        <PPCell value="0" predictorName="sex" parameterName="p3"/>
47.        <PPCell value="0" predictorName="sex" parameterName="p4"/>
48.        <PPCell value="1" predictorName="sex" parameterName="p5"/>
49.        <PPCell value="1" predictorName="sex" parameterName="p6"/>
50.        <PPCell value="0" predictorName="minority" parameterName="p3"/>
51.        <PPCell value="1" predictorName="minority" parameterName="p4"/>
52.        <PPCell value="0" predictorName="minority" parameterName="p5"/>
53.        <PPCell value="1" predictorName="minority" parameterName="p6"/>
54.        <PPCell value="1" predictorName="age" parameterName="p7"/>
55.        <PPCell value="1" predictorName="work" parameterName="p8"/>
56.      </PPMatrix>
57.
58.      <ParamMatrix>
59.        <PCell parameterName="p0" beta="-2.30824444845005" df="1"/>
60.        <PCell parameterName="p1" beta="-0.268177596945098" df="1"/>
61.        <PCell parameterName="p3" beta="-0.169104566719988" df="1"/>
62.        <PCell parameterName="p5" beta="-0.219215962160056" df="1"/>
63.        <PCell parameterName="p7" beta="0.00427629446211706" df="1"/>
64.        <PCell parameterName="p8" beta="-0.00397117497757107" df="1"/>
65.      </ParamMatrix>
66.
67.    </GeneralRegressionModel>
68.
69.  </PMML>
```

上面的PMML文档代表了一个广义线性回归的模型，这类模型的评分应用中也用到了连接函数。下面我们对评分流程做一个详细的说明。新的观测数据是：sex=1, minority=0, age=25, work=4。

评分应用的步骤如下。

➤ 第一步，解析整个模型文档，重构PPMatrix和ParamMatrix。

➤ 第二步，为了能够把新的观测数据应用于模型，需要构建输入数据向量x，其长度与模型中参数的个数N相等。构建向量x的规则如下（下面$i=0 \sim N-1$）。

✓ 如果PPMatrix的第i行的单元全部为空，则说明这个参数是一个截距，此时设置$x_i=1$。

✓ 如果PPMatrix的第i行不为空（即至少有一个矩阵单元不为空，下同），并且参数是由一个或多个因子变量的值组成。在此前提条件下，如果新的数据能够与此参数匹配，则设置$x_i=1$；否则$x_i=0$。

✓ 如果PPMatrix的第i行不为空，并且参数是由一个协变量组成的，并且此行对应的矩阵单元值为r（此种情况下，只有这一个矩阵单元不为空）。此时，r就是此参数中协变量的指数，此时设置$x_i=c^r$，其中c为此协变量在新数据中的值。

✓ 如果PPMatrix的第i行不为空，并且参数是由k个协变量组成的，并且此行对应的k个协变量的单元值为r_1、$r_2 \cdots r_k$。此时设置x_i（其中c_1、$c_2 \cdots c_k$为k个协变量在新数据中的值）为：

$$x_i = \prod_{j=1}^{k} c_j^{r_j}$$

✓ 如果PPMatrix的第i行不为空，并且参数是由一个或多个因子变量以及一个或多个协变量共同组成的，此种情况下如果新的数据中因子变量的值能够与此参数中因子变量的值匹配，则x_i值按照上一条方法连乘获得；如果不匹配，则设置$x_i=0$。

➤ 第三步，获取各种回归方程中的各种参数变量值。获取偏置变量offsetVariable或者偏置值offsetValue，以a表示：

● 如果存在offsetVariable（变量），则a=观测数据中对应变量的值；
● 如果存在offsetValue，则a=offsetValue；
● 其他情况下，a=0。

获取TrialsVariable或TrialsValue，以b表示：

● 如果存在TrialsVariable（变量），则b=观测数据中对应变量的值；
● 如果存在TrialsValue，则b=TrialsValue；
● 其他情况下，b=1。

获取distParameter值，以c表示：如果link="negbin"，并且distribution="negbin"，则设置c=distParameter。

获取linkParameter值，以d表示：如果link="oddspower"或者link="power"，则

设置 d=linkParameter。

➤ 第四步，获取回归系数向量 β，计算新数据与 β 的向量内容，并根据上一步获取的信息计算新数据的预测值，表达式为：$F(\langle x,\beta \rangle +a)b$

式中，F 为连接函数的反函数。

另外，对于一个广义线性回归模型，如果目标变量是二项分布的分类型变量，则目标变量各类别发生的预测概率值计算如下：

① 首先计算第一个类别的概率 p_1，$p_1=F(\langle x,\beta \rangle +a)$；

② 根据计算值，重置和计算两个类别发生的概率。如果 $p_1 < 0$，则重置 $p_1=0$；如果 $p_1 > 1$，则重置 $p_1=1$。根据 p_1 计算第二个类别发生的概率 $p_2=1-p_1$；

③ 根据 p_1 和 p_2 的值，判断新数据所属类别。新数据所属的类别就是 p_1 和 p_2 中最大值对应的类别。

（6）带有对比矩阵的多项逻辑回归的例子

这是一个多项逻辑逻辑回归的例子（distribution="multinomialLogistic"），使用了对比矩阵。本例中目标变量是 salCat，它有两个类别："Low""High"；预测变量为两个因子变量和两个协变量，其中因子变量 gender 有两个类别值，使用了"Simple"类型的对比矩阵；因子变量 jobcat 有三个类别值，使用了"Helmert"类型的对比矩阵。

请先看一下本例的模型文档。

```
1.  <GeneralRegressionModel modelType="multinomialLogistic" modelName="cont
rastLogistic" functionName="classification" targetReferenceCategory="High">
2.    <MiningSchema>
3.      <MiningField name="salCat" usageType="target"/>
4.      <MiningField name="gender" usageType="active" missingValueTreatment=
"asIs"/>
5.      <MiningField name="educ" usageType="active" missingValueTreatment="
asIs"/>
6.      <MiningField name="jobcat" usageType="active" missingValueTreatment=
"asIs"/>
7.      <MiningField name="salbegin" usageType="active" missingValueTreatme
nt="asIs"/>
8.    </MiningSchema>
9.    <ParameterList>
10.     <Parameter name="P0000001" label="Constant"/>
11.     <Parameter name="P0000002" label="gender(1)"/>
12.     <Parameter name="P0000003" label="educ"/>
```

```
13.      <Parameter name="P0000004" label="jobcat(1)"/>
14.      <Parameter name="P0000005" label="jobcat(2)"/>
15.      <Parameter name="P0000006" label="gender(1) by jobcat(1)"/>
16.      <Parameter name="P0000007" label="gender(1) by jobcat(2)"/>
17.      <Parameter name="P0000008" label="educ by gender(1) by salbegin"/>
18.    </ParameterList>
19.    <FactorList>
20.      <Predictor name="gender" contrastMatrixType="Simple">
21.        <Categories>
22.          <Category value="f"/>
23.          <Category value="m"/>
24.        </Categories>
25.        <Matrix nbRows="2" nbCols="1">
26.          <Array type="real" n="1">.5</Array>
27.          <Array type="real" n="1">-.5</Array>
28.        </Matrix>
29.      </Predictor>
30.      <Predictor name="jobcat" contrastMatrixType="Helmert">
31.        <Categories>
32.          <Category value="1"/>
33.          <Category value="2"/>
34.          <Category value="3"/>
35.        </Categories>
36.        <Matrix nbRows="3" nbCols="2">
37.          <Array type="real" n="2">.666666666667 0</Array>
38.          <Array type="real" n="2">-.333333333333 .5</Array>
39.          <Array type="real" n="2">-.333333333333 -.5</Array>
40.        </Matrix>
41.      </Predictor>
42.    </FactorList>
43.    <CovariateList>
44.      <Predictor name="educ"/>
45.      <Predictor name="salbegin"/>
46.    </CovariateList>
47.    <PPMatrix>
48.      <PPCell value="f" predictorName="gender" parameterName="P0000002"/>
```

```
49.    <PPCell value="1" predictorName="educ" parameterName="P0000003"/>
50.    <PPCell value="1" predictorName="jobcat" parameterName="P0000004"/>
51.    <PPCell value="2" predictorName="jobcat" parameterName="P0000005"/>
52.    <PPCell value="f" predictorName="gender" parameterName="P0000006"/>
53.    <PPCell value="1" predictorName="jobcat" parameterName="P0000006"/>
54.    <PPCell value="f" predictorName="gender" parameterName="P0000007"/>
55.    <PPCell value="2" predictorName="jobcat" parameterName="P0000007"/>
56.    <PPCell value="1" predictorName="educ" parameterName="P0000008"/>
57.    <PPCell value="f" predictorName="gender" parameterName="P0000008"/>
58.    <PPCell value="1" predictorName="salbegin" parameterName="P0000008"/>
59.
60.    </PPMatrix>
61.    <ParamMatrix>
62.      <PCell targetCategory="Low" parameterName="P0000001" beta="17.0599
111512836" df="1"/>
63.      <PCell targetCategory="Low" parameterName="P0000002" beta="-
2.79578119817189" df="1"/>
64.      <PCell targetCategory="Low" parameterName="P0000003" beta="-
0.625739483585618" df="1"/>
65.      <PCell targetCategory="Low" parameterName="P0000004" beta="-
5.76523337984277" df="1"/>
66.      <PCell targetCategory="Low" parameterName="P0000005" beta="17.7435
74615114" df="1"/>
67.      <PCell targetCategory="Low" parameterName="P0000006" beta="0.42191
3613872923" df="1"/>
68.      <PCell targetCategory="Low" parameterName="P0000007" beta="0" df="0"/>
69.      <PCell targetCategory="Low" parameterName="P0000008" beta="1.11363
56754678E-005" df="1"/>
70.    </ParamMatrix>
71.  </GeneralRegressionModel>
```

上面的 PMML 文档代表了一个带有对比矩阵的多项逻辑回归模型，这类模型的评分应用的重点在于构建输入数据向量，我们对此做一个详细的说明。

请注意，正如 Categories 元素所示，因子变量 gender 的类别具有以下索引："f"为 1，"m"为 2；对于因子变量 jobcat，类别为"1"，"2"，"3"，与其索引相同。

新的观测数据是：

$$新数据 = (gender="f"\ educ=19\ jobcat=3\ salbegin=45000)$$

评分应用的步骤如下。

➤ 第一步，解析整个模型文档，重构 PPMatrix 和 ParamMatrix，以及对比矩阵 C_{gender} 和 C_{jobcat}。

➤ 第二步，为了能够把新的观测数据应用于模型，需要构建输入数据向量 x，其长度与模型中参数的个数 N 相等。构建向量 x 的规则如下（下面 $i=0 \sim N-1$）。

✓ 如果 PPMatrix 的第 i 行的单元全部为空，则说明这个参数是一个截距，此时设置 $x_i=1$。

✓ 如果 PPMatrix 的第 i 行不为空，并且参数是由一个因子变量的值组成，则将 x_i 设置为该因子变量的对比矩阵的某个单元值，此单元的行由因子变量的类别值决定，列由 PPMatrix 中的类别值决定。在本例中：

$$x_2 = C_{gender}(1, 1) = 0.5$$
$$x_4 = C_{jobcat}(2, 1) = 0.333333333333$$
$$x_6 = C_{jobcat}(3, 2) = -0.5$$

✓ 如果 PPMatrix 的第 i 行不为空，并且参数是由一个或多个因子变量组成的，此种情况下，设置 x_i 值为响应变量对比矩阵单元值的乘积。在本例中：

$$x_6 = C_{gender}(1, 1) \times C_{jobcat}(3, 1) = 0.5 \times (-0.333333333333) = -0.16666666666666$$
$$x_7 = C_{gender}(1, 1) \times C_{jobcat}(3, 2) = 0.5 \times (-0.5) = -0.25$$

✓ 如果 PPMatrix 的第 i 行不为空，并且参数是由一个协变量组成的，并且此行对应的矩阵单元值为 r（此种情况下，只有这一个矩阵单元不为空）。此时，r 就是此参数中协变量的指数，此时设置 $x_i = c^r$，其中 c 为此协变量在新数据中的值。在本例中：

$$x_3 = educ = 19$$

✓ 如果 PPMatrix 的第 i 行不为空，并且参数是由 k 个协变量组成的，并且此行对应的 k 个协变量的单元值为 r_1、$r_2 \cdots r_k$。此时设置 x_i（其中 c_1、$c_2 \cdots c_k$ 为 k 个协变量在新数据中的值）为：

$$x_i = \prod_{j=1}^{k} c_j^{r_j}$$

✓ 如果 PPMatrix 的第 i 行不为空，并且参数是由一个或多个因子变量，以及一个或多个协变量共同组成的。此种情况下，如果新的数据中因子变量的值能够与此参数中因子变量的值匹配，则 x_i 值按照上一条方法连乘获得。在本例中：

$$x_8 = educ \times C_{gender}(1, 1) \times salbegin = 1.9 \times 0.5 \times 45000 = 427500$$

➤ 第三步，获取每个类别的回归系数向量 β_j，计算与输入数据向量 x 的内积，即：$r_j = \langle x, B_j \rangle$。则每个类别发生的概率按下列公式计算，以"Low"为例：

$$P(\text{"Low"}) = \frac{e^{r_1}}{1 + e^{r_1}}$$

（7）Cox回归的例子

前面讲过，Cox比例风险模型是解决Cox回归问题的重要方法，在这种方法中，必须包含一个表示观测对象结束时间的变量、一个表示观测对象状态的变量，以及其他任意数量的预测变量。也可以包含一个基线分区变量、一个表示开始观测时间的变量和观测对象ID的变量。

如果设置了基线分区（分层）变量，那么在构建Cox回归模型时，会把总的训练数据集按照分区变量的类别分成多个训练数据子集，用以创建多个Cox回归模型。每个分区的回归模型具有相同的回归系数β，但是具有不同的基线危险函数值。这一点与定序逻辑回归非常类似。

在下面的Cox回归例子中，变量childs表示结束时间，变量life表示对象状态，其中life=1表示事件发生了。另外还有一个因子变量happy和一个协变量educ。其中第一个模型例子没有基线分区变量，而第二个例子使用基线分区变量region。

请看下面的模型代码（属性modelType="CoxRegression"）：

```
1.  <GeneralRegressionModel modelType="CoxRegression" modelName="CSCox" fun
ctionName="regression" endTimeVariable="childs" statusVariable="life">
2.      <MiningSchema>
3.        <MiningField name="childs" usageType="active" missingValueTreatment
="asIs"/>
4.        <MiningField name="happy" usageType="active" missingValueTreatment=
"asIs"/>
5.        <MiningField name="educ" usageType="active" missingValueTreatment="
asIs"/>
6.        <MiningField name="life" usageType="target"/>
7.      </MiningSchema>
8.      <ParameterList>
9.        <Parameter name="P0000001" label="[happy=1]" referencePoint="0"/>
10.       <Parameter name="P0000002" label="[happy=2]" referencePoint="0"/>
11.       <Parameter name="P0000003" label="[happy=3]" referencePoint="0"/>
12.        <Parameter name="P0000004" label="educ" referencePoi
nt="12.85536159601"/>
13.       <Parameter name="P0000005" label="[happy=1] * educ" referencePoint="0"/>
14.       <Parameter name="P0000006" label="[happy=2] * educ" referencePoint="0"/>
15.       <Parameter name="P0000007" label="[happy=3] * educ" referencePoint="0"/>
16.     </ParameterList>
17.     <FactorList>
18.       <Predictor name="happy"/>
```

```
19.    </FactorList>
20.    <CovariateList>
21.      <Predictor name="educ"/>
22.    </CovariateList>
23.    <PPMatrix>
24.      <PPCell value="1" predictorName="happy" parameterName="P0000001"/>
25.      <PPCell value="2" predictorName="happy" parameterName="P0000002"/>
26.      <PPCell value="3" predictorName="happy" parameterName="P0000003"/>
27.      <PPCell value="1" predictorName="educ" parameterName="P0000004"/>
28.      <PPCell value="1" predictorName="happy" parameterName="P0000005"/>
29.      <PPCell value="1" predictorName="educ" parameterName="P0000005"/>
30.      <PPCell value="2" predictorName="happy" parameterName="P0000006"/>
31.      <PPCell value="1" predictorName="educ" parameterName="P0000006"/>
32.      <PPCell value="3" predictorName="happy" parameterName="P0000007"/>
33.      <PPCell value="1" predictorName="educ" parameterName="P0000007"/>
34.    </PPMatrix>
35.    <ParamMatrix>
36.      <PCell parameterName="P0000001" beta="2.19176500383392" df="1"/>
37.      <PCell parameterName="P0000002" beta="0.839584538765938" df="1"/>
38.      <PCell parameterName="P0000003" beta="0" df="0"/>
39.      <PCell parameterName="P0000004" beta="0.207006511267958" df="1"/>
40.      <PCell parameterName="P0000005" beta="-0.124788379173099" df="1"/>
41.      <PCell parameterName="P0000006" beta="-0.0652692443310469" df="1"/>
42.      <PCell parameterName="P0000007" beta="0" df="0"/>
43.    </ParamMatrix>
44.    <EventValues>
45.      <Value value="1"/>
46.    </EventValues>
47.    <BaseCumHazardTables maxTime="8">
48.      <BaselineCell time="1" cumHazard="0.0805149154781295"/>
49.      <BaselineCell time="2" cumHazard="0.208621561646413"/>
50.      <BaselineCell time="3" cumHazard="0.367889107749672"/>
51.      <BaselineCell time="4" cumHazard="0.610515527436034"/>
52.      <BaselineCell time="5" cumHazard="0.782436645962723"/>
```

```
53.        <BaselineCell time="6" cumHazard="0.898256334351415"/>
54.        <BaselineCell time="7" cumHazard="1.34645277785058"/>
55.        <BaselineCell time="8" cumHazard="1.92644296943848"/>
56.    </BaseCumHazardTables>
57. </GeneralRegressionModel>
58.
59.
60. <GeneralRegressionModel modelType="CoxRegression" modelName="CSCox" fu
nctionName="regression" endTimeVariable="childs" statusVariable="life" bas
elineStrataVariable="region">
61.    <MiningSchema>
62.        <MiningField name="childs" usageType="active" missingValueTreatmen
t="asIs"/>
63.        <MiningField name="happy" usageType="active" missingValueTreatment
="asIs"/>
64.        <MiningField name="educ" usageType="active" missingValueTreatment=
"asIs"/>
65.        <MiningField name="region" usageType="active"/>
66.        <MiningField name="life" usageType="target"/>
67.    </MiningSchema>
68.    <ParameterList>
69.        <Parameter name="P0000001" label="[happy=1]" referencePoint="0"/>
70.        <Parameter name="P0000002" label="[happy=2]" referencePoint="0"/>
71.        <Parameter name="P0000003" label="[happy=3]" referencePoint="0"/>
72.        <Parameter name="P0000004" label="educ" referencePoi
nt="12.85536159601"/>
73.        <Parameter name="P0000005" label="[happy=1] * educ" referencePoint
="0"/>
74.        <Parameter name="P0000006" label="[happy=2] * educ" referencePoint
="0"/>
75.        <Parameter name="P0000007" label="[happy=3] * educ" referencePoint
="0"/>
76.    </ParameterList>
77.    <FactorList>
78.        <Predictor name="happy"/>
79.    </FactorList>
80.    <CovariateList>
```

```
81.        <Predictor name="educ"/>
82.      </CovariateList>
83.      <PPMatrix>
84.        <PPCell value="1" predictorName="happy" parameterName="P0000001"/>
85.        <PPCell value="2" predictorName="happy" parameterName="P0000002"/>
86.        <PPCell value="3" predictorName="happy" parameterName="P0000003"/>
87.        <PPCell value="1" predictorName="educ" parameterName="P0000004"/>
88.        <PPCell value="1" predictorName="happy" parameterName="P0000005"/>
89.        <PPCell value="1" predictorName="educ" parameterName="P0000005"/>
90.        <PPCell value="2" predictorName="happy" parameterName="P0000006"/>
91.        <PPCell value="1" predictorName="educ" parameterName="P0000006"/>
92.        <PPCell value="3" predictorName="happy" parameterName="P0000007"/>
93.        <PPCell value="1" predictorName="educ" parameterName="P0000007"/>
94.      </PPMatrix>
95.      <ParamMatrix>
96.        <PCell parameterName="P0000001" beta="1.96429877799117" df="1"/>
97.        <PCell parameterName="P0000002" beta="0.487952271605177" df="1"/>
98.        <PCell parameterName="P0000003" beta="0" df="0"/>
99.        <PCell parameterName="P0000004" beta="0.186388616742954" df="1"/>
100.        <PCell parameterName="P0000005" beta="-0.0964727062694649" df="1"/>
101.        <PCell parameterName="P0000006" beta="-0.0257167272021955" df="1"/>
102.        <PCell parameterName="P0000007" beta="0" df="0"/>
103.      </ParamMatrix>
104.      <EventValues>
105.        <Value value="1"/>
106.      </EventValues>
107.      <BaseCumHazardTables>
108.        <BaselineStratum value="1" label="[region=North East]" maxTime="7">
109.          <BaselineCell time="1" cumHazard="0.0480764996657994"/>
110.          <BaselineCell time="2" cumHazard="0.213530888447458"/>
111.          <BaselineCell time="3" cumHazard="0.347177590555568"/>
112.          <BaselineCell time="4" cumHazard="0.700088580976311"/>
113.          <BaselineCell time="5" cumHazard="0.756857216338272"/>
114.          <BaselineCell time="6" cumHazard="0.880125294006154"/>
```

```
115.        <BaselineCell time="7" cumHazard="1.79261158114014"/>
116.      </BaselineStratum>
117.      <BaselineStratum value="2" label="[region=South East]" maxTime="7">
118.        <BaselineCell time="1" cumHazard="0.104783416911293"/>
119.        <BaselineCell time="2" cumHazard="0.149899368179306"/>
120.        <BaselineCell time="3" cumHazard="0.344676164146026"/>
121.        <BaselineCell time="4" cumHazard="0.447807317242553"/>
122.        <BaselineCell time="5" cumHazard="0.602148704727296"/>
123.        <BaselineCell time="6" cumHazard="0.996057753780737"/>
124.      </BaselineStratum>
125.      <BaselineStratum value="3" label="[region=West]" maxTime="8">
126.        <BaselineCell time="1" cumHazard="0.0798136487904092"/>
127.        <BaselineCell time="2" cumHazard="0.148350388305914"/>
128.        <BaselineCell time="3" cumHazard="0.252784132000578"/>
129.        <BaselineCell time="4" cumHazard="0.366288821244008"/>
130.        <BaselineCell time="5" cumHazard="0.562653812085775"/>
131.        <BaselineCell time="6" cumHazard="0.61271473319101"/>
132.        <BaselineCell time="7" cumHazard="0.81698327174713"/>
133.        <BaselineCell time="8" cumHazard="1.28475458929774"/>
134.      </BaselineStratum>
135.    </BaseCumHazardTables>
136.  </GeneralRegressionModel>
```

现在假设有一条新的数据（以 x 表示），让我们一起看看如何使用上述模型对新数据进行回归计算和分析：

➤ 第一步，首先检查新的输入数据中是否存在由基线分区变量 baselineStrataVariable 指定的变量（模型元素 GeneralRegressionModel 的属性）。如果存在基线分区变量，就从新数据中获取基线分区变量的分区值。进一步检查是否存一个属性 value 等于这个分区值 BaselineStratum（元素 BaseCumHazardTables 的子元素），如果存在，则获取其属性 maxTime 的值作为最大生存时间数，否则返回一个缺失值。

如果不存在基线分区变量，则从元素 BaseCumHazardTables 的属性 maxTime 中获取最大生存时间数。

➤ 第二步，从新的输入数据中获取结束时间变量的值，结束时间变量名称由模型元素的属性 endTimeVariable 指定。如果结束时间变量值小于第一步确定的分区中基线单元 BaselineCell 的属性 time 的最小值，则预测新数据对应的观测对象是处于生产状态，其累计危险概率为 0。

如果结束时间变量值大于第一步确定的 maxTime 的值，则返回一个缺失值（无法预测）。

如果结束时间变量值处于以上两种情况之间，则定位到属性 time 的值不大于此值的 BaselineCell，通过属性 cumHazard 抽取出基线累积危险函数的值，即 $h_0(t)$ 的值。

➤ 第三步，按照 Cox 回归模型，计算新数据 x 和回归系数向量 β 的内积：

$$r=\langle x, \beta\rangle$$

➤ 第四步，按照 Cox 回归模型，计算参考点向量 x_0（由元素 Parameter 的 referencePoint 属性指定）与回归系数向量 β 的内积：

$$s=\langle x_0, \beta\rangle$$

➤ 第五步，最后，计算累积危险函数值和生存函数值（x 为新的输入数据）：

$$h(t|x)=h_0(t|x)\mathrm{e}^{(r-s)}$$
$$s(t|x)=\mathrm{e}^{(-h(t|x))}$$

注意：对于 Cox 回归模型来说，即使没有一个参数，也有可能是有效的，在这种特殊情况下，步骤中的第三步、第四步计算的 r 和 s 均为 0，累积危险函数与基线危险函数是相同的。

7 回归模型 RegressionModel

在前一章，我们详细讲述了通用回归模型元素GeneralRegressionModel的知识，它包含了简单回归模型、一般线性回归模型以及各种逻辑回归模型等众多有关回归的内容。除此之外，在PMML规范中，还有一个相对简单的回归模型元素RegressionModel。可以说它是通用回归模型GeneralRegressionModel的一个简版和变体，本章我们就要讲述这个回归模型RegressionModel。

由于在前一章中，我们已经对回归的知识做了比较详细的介绍，所以这里将不再对回归分析做过多的介绍了，本章将直接对回归模型元素RegressionModel进行详细的说明。

在PMML规范中，使用元素RegressionModel来标记回归模型，它支持线性回归（linearRegression）、多项式逐步回归（stepwisePolynomialRegression）、逻辑回归（logisticRegression）等三种回归模型。同上一章讲述的通用回归模型元素GeneralRegressionModel一样，即可以表达回归预测（对连续型目标变量），也可以表达分类型预测（对分类型或定序型目标变量）。

回归模型元素RegressionModel除了包含所有模型通用的模型属性以及子元素MiningSchema、Output、ModelStats、LocalTransformations和ModelVerification等共性部分外，还包括回归模型特有的属性和子元素。各种模型共性的内容请参见笔者的另一本书《PMML建模标准语言基础》，这里将主要介绍回归模型特有的部分。

与通用回归模型元素GeneralRegressionModel相比，这里介绍的回归模型元素RegressionModel要简单得多。它只有一个特有的子元素RegressionTable，以及modelType、normalizationMethod和targetFieldName等三个特有的属性。我们将在本节对这些子元素和属性进行详细的描述。

在PMML规范中，回归模型元素RegressionModel的定义如下：

```xml
1.  <xs:element name="RegressionModel">
2.    <xs:complexType>
3.     <xs:sequence>
4.       <xs:element ref="Extension" minOccurs="0" maxOccurs="unbounded"/>
5.       <xs:element ref="MiningSchema"/>
6.       <xs:element ref="Output" minOccurs="0"/>
7.       <xs:element ref="ModelStats" minOccurs="0"/>
8.       <xs:element ref="ModelExplanation" minOccurs="0"/>
9.       <xs:element ref="Targets" minOccurs="0"/>
10.       <xs:element ref="LocalTransformations" minOccurs="0"/>
11.       <xs:element ref="RegressionTable" maxOccurs="unbounded"/>
12.       <xs:element ref="ModelVerification" minOccurs="0"/>
13.       <xs:element ref="Extension" minOccurs="0" maxOccurs="unbounded"/>
14.     </xs:sequence>
```

```
15.      <xs:attribute name="modelName" type="xs:string"/>
16.       <xs:attribute name="functionName" type="MINING-FUNCTION" use=
"required"/>
17.      <xs:attribute name="algorithmName" type="xs:string"/>
18.      <xs:attribute name="modelType" use="optional">
19.        <xs:simpleType>
20.          <xs:restriction base="xs:string">
21.            <xs:enumeration value="linearRegression"/>
22.            <xs:enumeration value="stepwisePolynomialRegression"/>
23.            <xs:enumeration value="logisticRegression"/>
24.          </xs:restriction>
25.        </xs:simpleType>
26.      </xs:attribute>
27.       <xs:attribute name="targetFieldName" type="FIELD-NAME" use=
"optional"/>
28.      <xs:attribute name="normalizationMethod" type="REGRESSIONNORMALIZA
TIONMETHOD" default="none"/>
29.      <xs:attribute name="isScorable" type="xs:boolean" default="true"/>
30.    </xs:complexType>
31.  </xs:element>
32.
33.  <xs:simpleType name="REGRESSIONNORMALIZATIONMETHOD">
34.    <xs:restriction base="xs:string">
35.      <xs:enumeration value="none"/>
36.      <xs:enumeration value="simplemax"/>
37.      <xs:enumeration value="softmax"/>
38.      <xs:enumeration value="logit"/>
39.      <xs:enumeration value="probit"/>
40.      <xs:enumeration value="cloglog"/>
41.      <xs:enumeration value="exp"/>
42.      <xs:enumeration value="loglog"/>
43.      <xs:enumeration value="cauchit"/>
44.    </xs:restriction>
45.  </xs:simpleType>
```

7.1 模型属性

任何一个模型都可以包含modelName、functionName、algorithmName和isScorable四个属性，其中属性functionName是必选的，其他三个属性是可选的。它们的含义请参考第一章关联规则模型的相应部分，此处不再赘述。

对于回归模型元素来说，属性functionName可取"classification"或者"regression"中的一个。设置属性functionName="regression"表示模型用于连续型数值的回归预测；设置属性functionName="classification"表示模型用于分类型或定序型变量的分类预测。

除了上面几个所有模型共有的属性外，回归模型元素RegressionModel还具有三个特有的属性，它们是：模型类型属性modelType、标准化方法属性normalizationMethod和目标变量名称属性targetFieldName。

下面我们详细介绍一个这三个属性。

● 属性modelType：可选属性。指定模型所用的回归类型，目前支持的回归算法有三个种类，分别是：

✓linearRegression 线性回归

✓stepwisePolynomialRegression 逐步多项回归

✓logisticRegression 逻辑回归

属性modelType必须从这三个回归类型中选择一个。

注意：此属性已经过时，建议在构建新的模型时不要再使用，此版本保留是为了兼容性。为了准确获得模型评分应用时所需的计算信息，可以通过联合使用属性functionName和normalizationMethod来获取。

● 标准化方法属性normalizationMethod：可选属性，也称为归一化方法属性，适用于在回归分类模型中将回归方程的结果值转化为概率值（置信值）。它的内容是一个类型为REGRESSIONNORMALIZATIONMETHOD的值，这个类型定义了九个归一化方法，分别是：

✓none 不做归一化处理

✓simplemax 简单求最大化

✓softmax softmax 方式

✓logit logit 函数

✓probit probit 函数

✓cloglog cloglog 函数

✓exp exp 函数

✓loglog loglog 函数

✓cauchit cauchit 函数

这实际上就是上一章中讲述的连接函数。

● 目标变量名称属性targetFieldName：可选属性，表示目标变量（因变量）的名称。此属性已经过时，不再建议使用。请使用挖掘字段MiningField的属性usageType="target"表示目标变量。

7.2 模型子元素

回归模型元素RegressionModel包含了一个特有的子元素：回归信息表元素RegressionTable。在PMML规范中，其定义代码如下：

```
1.  <xs:element name="RegressionTable">
2.    <xs:complexType>
3.      <xs:sequence>
4.        <xs:element ref="Extension" minOccurs="0" maxOccurs="unbounded"/>
5.        <xs:element ref="NumericPredictor" minOccurs="0" maxOccurs="unbounded"/>
6.        <xs:element ref="CategoricalPredictor" minOccurs="0" maxOccurs="unbounded"/>
7.        <xs:element ref="PredictorTerm" minOccurs="0" maxOccurs="unbounded"/>
8.      </xs:sequence>
9.      <xs:attribute name="intercept" type="REAL-NUMBER" use="required"/>
10.     <xs:attribute name="targetCategory" type="xs:string"/>
11.   </xs:complexType>
12. </xs:element>
13.
14. <xs:element name="NumericPredictor">
15.   <xs:complexType>
16.     <xs:sequence>
17.       <xs:element ref="Extension" minOccurs="0" maxOccurs="unbounded"/>
18.     </xs:sequence>
19.     <xs:attribute name="name" type="FIELD-NAME" use="required"/>
20.     <xs:attribute name="exponent" type="INT-NUMBER" default="1"/>
21.     <xs:attribute name="coefficient" type="REAL-NUMBER" use="required"/>
22.   </xs:complexType>
```

```
23.    </xs:element>
24.
25.    <xs:element name="CategoricalPredictor">
26.      <xs:complexType>
27.        <xs:sequence>
28.          <xs:element ref="Extension" minOccurs="0" maxOccurs="unbounded"/>
29.        </xs:sequence>
30.        <xs:attribute name="name" type="FIELD-NAME" use="required"/>
31.        <xs:attribute name="value" type="xs:string" use="required"/>
32.        <xs:attribute name="coefficient" type="REAL-NUMBER" use="required"/>
33.      </xs:complexType>
34.    </xs:element>
35.
36.    <xs:element name="PredictorTerm">
37.      <xs:complexType>
38.        <xs:sequence>
39.          <xs:element ref="Extension" minOccurs="0" maxOccurs="unbounded"/>
40.          <xs:element ref="FieldRef" minOccurs="1" maxOccurs="unbounded"/>
41.        </xs:sequence>
42.        <xs:attribute name="name" type="FIELD-NAME"/>
43.        <xs:attribute name="coefficient" type="REAL-NUMBER" use="required"/>
44.      </xs:complexType>
45.    </xs:element>
```

从上面的定义可以看出，元素 RegressionModel 可以包含三个子元素：NumericPredictor、CategoricalPredictor、PredictorTerm，以及两个属性：截距属性 Intercept 和目标类别属性 targetCategory。下面我们分别详述这些子元素和属性。

首先说明一下两个属性：

● 截距属性 Intercept：必选属性，也就是回归常数。

● 目标类别属性 targetCategory：可选属性。此属性适用于回归分类模型中，为本回归信息表提供预测类别值。

我们在上一章讲述通用回归模型元素 GeneralRegressionModel 时讲过，预测变量可以分为因子变量（factor）和协变量（covariate）两类。与此类似，在回归模型元素 RegressionModel 也有对应的变量类型，但是分别称为数值预测变量元素 NumericPredictor 和分类型预测变量元素 CategoricalPredictor。另外还有一个表示不同变量组合的预测变量组合元素 PredictorTerm，它用来表达不同变量之间的组合对目标变量的效应。这三个子元素分别如下。

（1）数值预测变量元素 NumericPredictor

这个元素代表了一个数值型（连续型）预测变量。它主要包括以下三个属性。

➤ 变量名称属性 name：必选属性，对应着某个字段的名称。它是对一个 FIELD-NAME 类型的引用，对应着一个模型中某个字段的名称。
➤ 指数值属性 exponent：可选属性，表示此变量的指数。默认值为1。
➤ 回归系数属性 coefficient：必选属性，指定此变量的回归系数，代表了对目标变量的效应。

注意：如果一个输入变量的值为缺失值，则通过本元素返回的计算结果也将是缺失值。

（2）分类型预测变量元素 CategoricalPredictor

这个元素代表了一个分类型预测变量。它主要包括以下三个必选属性。

➤ 变量名称属性 name：必选属性，对应着某个字段的名称。所以它是对一个 FIELD-NAME 类型的引用，对应着一个模型中某个字段的名称。
➤ 值属性 value：必选属性，表示此变量的取值。
➤ 回归系数属性 coefficient：必选属性，指定此变量的回归系数，代表了对目标变量的效应。

在使用分类型变量进行回归分析时，需要对这些变量进行必要的处理，以便能够进行计算。在 PMML 规范中，采用如下表达式对分类型变量进行取值处理：变量名称（值），即 variable_name（value）。

对于一个特定的值，如性别 sex 变量的"male"值，如果应用于一条观测数据时变量 sex 取值恰好为"male"，则 sex（male）返回值1，最后整个元素 CategoricalPredictor 返回值就是回归系数 coefficient 值；否则 sex(male) 返回值0，最后整个元素 CategoricalPredictor 返回值也为0。特别地，对于输入值为缺失值的情况，variable_name（value）一律返回0。

（3）预测变量组合元素 PredictorTerm

此元素用来表达不同预测变量对目标变量的交叉效应（组合效应），所以它包含通过乘法组合的一个或多个变量，且这些变量必须都是连续型变量。此元素至少包含一个 FIELD-NAME 类型的字段（变量）引用，每一个字段引用表示一个预测变量。除此之外，它还有下面两个属性。

➤ 名称属性 name：可选属性。为此变量组合指定一个名称，这个名称可以在模型中被其他元素所引用，所以名称必须在整个模型范围内是唯一的。

➤ 回归系数属性coefficient：必选属性，指定此变量组合的回归系数。

由于某些回归模型中不存在预测变量组合交叉效应，所以此元素是一个可选元素。

7.3 评分应用过程

模型生成之后，就可以应用于新数据进行评分了，这是一个应用模型的过程。在本节中，我们将通过几个实例来详细说明回归模型RegressionModel的组成、评分应用的过程。

例子1：连续型目标变量的线性回归，目标变量是保险索赔的次数（*number_of_claims*）。在这个例子有三个预测变量：年龄（*age*）、工资（*salary*）、停车位置（*car_location*）。其中*car_location*是分类型变量，它可能的取值有两个："carpark" "street"。回归方程如下：

$$number\_of\_claims = 132.37 + 7.1age + 0.01salary + 41.1car\_location(carpark) + 325.03car\_location(street)$$

这个回归模型对应的PMML代码如下：

```
1.  <PMML xmlns="http://www.dmg.org/PMML-4_3" version="4.3">
2.    <Header copyright="DMG.org"/>
3.    <DataDictionary numberOfFields="4">
4.      <DataField name="age" optype="continuous" dataType="double"/>
5.      <DataField name="salary" optype="continuous" dataType="double"/>
6.      <DataField name="car_location" optype="categorical" dataType="string">
7.        <Value value="carpark"/>
8.        <Value value="street"/>
9.      </DataField>
10.     <DataField name="number_of_claims" optype="continuous" dataType="integer"/>
11.   </DataDictionary>
12.   <RegressionModel modelName="Sample for linear regression" functionName="regression" algorithmName="linearRegression" targetFieldName="number_of_claims">
13.     <MiningSchema>
14.       <MiningField name="age"/>
15.       <MiningField name="salary"/>
16.       <MiningField name="car_location"/>
```

```
17.          <MiningField name="number_of_claims" usageType="target"/>
18.       </MiningSchema>
19.       <RegressionTable intercept="132.37">
20.          <NumericPredictor name="age" exponent="1" coefficient="7.1"/>
21.          <NumericPredictor name="salary" exponent="1" coefficient="0.01"/>
22.          <CategoricalPredictor name="car_location" value="carpark" coeffic
ient="41.1"/>
23.          <CategoricalPredictor name="car_location" value="street" coeffici
ent="325.03"/>
24.       </RegressionTable>
25.    </RegressionModel>
26. </PMML>
```

例子2：连续型目标变量的多项回归，目标变量是保险索赔的次数（number_of_claims）。在这个例子有两个预测变量：年龄（age）、停车位置（car_location）。其中car_location是分类型变量，它可能的取值有两个："carpark""street"。回归方程如下：

$$number\_of\_claims = 3216.38 - 0.08 \times salary + 9.54 \times 10^{-7} \times salary^2 - 2.67 \times 10^{-12} \times salary^3 + 93.78 \times car\_location(carpark) + 288.75 \times car\_location(street)$$

这个回归模型对应的PMML代码如下：

```
1.  <PMML xmlns="http://www.dmg.org/PMML-4_3" version="4.3">
2.    <Header copyright="DMG.org"/>
3.    <DataDictionary numberOfFields="3">
4.     <DataField name="salary" optype="continuous" dataType="double"/>
5.     <DataField name="car_location" optype="categorical" dataType="string">
6.      <Value value="carpark"/>
7.      <Value value="street"/>
8.     </DataField>
9.     <DataField name="number_of_claims" optype="continuous" dataType="in
teger"/>
10.   </DataDictionary>
11.   <RegressionModel functionName="regression" modelName="Sample for
stepwise polynomial regression" algorithmName="stepwisePolynomialRegression"
 targetFieldName="number_of_claims">
12.       <MiningSchema>
13.        <MiningField name="salary"/>
14.        <MiningField name="car_location"/>
```

```
15.        <MiningField name="number_of_claims" usageType="target"/>
16.      </MiningSchema>
17.      <RegressionTable intercept="3216.38">
18.        <NumericPredictor name="salary" exponent="1" coefficient="-0.08"/>
19.        <NumericPredictor name="salary" exponent="2" coefficient="9.54E-7"/>
20.        <NumericPredictor name="salary" exponent="3" coefficient="-
2.67E-12"/>
21.        <CategoricalPredictor name="car_location" value="carpark" coeffic
ient="93.78"/>
22.        <CategoricalPredictor name="car_location" value="street" coeffici
ent="288.75"/>
23.      </RegressionTable>
24.    </RegressionModel>
25.  </PMML>
```

例子 3：二项逻辑回归（分类），即二分类回归。在多分类回归模型中，通常是在模型中构建（$K-1$）个回归方程（K 为目标变量的类别个数）。下面代码是针对目标变量有两个类别的二分类回归模型，请看代码：

```
1.   <PMML xmlns="http://www.dmg.org/PMML-4_3" version="4.3">
2.     <Header copyright="DMG.org"/>
3.     <DataDictionary numberOfFields="3">
4.       <DataField name="x1" optype="continuous" dataType="double"/>
5.       <DataField name="x2" optype="continuous" dataType="double"/>
6.       <DataField name="y" optype="categorical" dataType="string">
7.         <Value value="yes"/>
8.         <Value value="no"/>
9.       </DataField>
10.    </DataDictionary>
11.    <RegressionModel functionName="regression" modelName="Sample for
stepwise polynomial regression" algorithmName="stepwisePolynomialRegression"
 normalizationMethod="softmax" targetFieldName="y">
12.      <MiningSchema>
13.        <MiningField name="x1"/>
14.        <MiningField name="x2"/>
15.        <MiningField name="y" usageType="target"/>
16.      </MiningSchema>
```

```
17.    <RegressionTable targetCategory="no" intercept="125.56601826">
18.      <NumericPredictor name="x1" coefficient="-28.6617384"/>
19.      <NumericPredictor name="x2" coefficient="-20.42027426"/>
20.    </RegressionTable>
21.    <RegressionTable targetCategory="yes" intercept="0"/>
22.   </RegressionModel>
23.  </PMML>
```

请读者注意：在本例中，由于目标变量只有两个类别："yes"或者"no"，所以最后一个RegressionTable元素（第21行）是可有可无的，它对模型预测不会产生任何影响。可以看到，在这个元素里面没有任何子元素内容。

对于分类型回归模型，如果需要计算预测类别的概率，可以通过模型标准化方法属性normalizationMethod指定的方法进行转换处理。

例子4：多项逻辑回归（分类），即多分类回归模型。我们知道，在多分类回归模型中，通常是在模型中构建（$K-1$）个回归方程（K为目标变量的类别个数）。下面代码是针对目标变量有三个类别的多分类回归模型。

在这个例子中，目标变量为职业类别（jobcat），预测变量有两个连续型变量：年龄（age）、工作年限（work），以及两个分类型变量：性别（sex）、是否是少数民族（minority）。其中sex和minority的取值都是0或1，而目标变量jobcat可能的取值有四个：clerical、professional、trainee、skilled。

本例的目的是根据预测变量预测新数据对应的职业类别。由于目标变量有四个类别，因此可以构建三个回归方程，分别如下：

$$y_{clerical} = 46.418 - 0.132age + 7.867 \times 10^{-2} \times work - 20.525sex(0) + 0 \times sex(1) - 19.054minority(0) + 0 \times minority(1)$$

$$y_{professional} = 51.169 - 0.302age + 0.155work - 21.389sex(0) - 0 \times sex(1) + 18.443minority(0) + 0 \times minority(1)$$

$$y_{trainee} = 25.478 - 0.154age + 0.266work - 2.639sex(0) - 0 \times sex(1) - 19.821minority(0) + 0 \times minority(1)$$

这个回归模型对应的PMML代码如下：

```
1.  <PMML xmlns="http://www.dmg.org/PMML-4_3" version="4.3">
2.   <Header copyright="DMG.org"/>
3.   <DataDictionary numberOfFields="5">
4.    <DataField name="age" optype="continuous" dataType="double"/>
5.    <DataField name="work" optype="continuous" dataType="double"/>
6.    <DataField name="sex" optype="categorical" dataType="string">
7.     <Value value="0"/>
8.     <Value value="1"/>
9.    </DataField>
10.    <DataField name="minority" optype="categorical" dataType="integer">
```

```
11.        <Value value="0"/>
12.        <Value value="1"/>
13.     </DataField>
14.     <DataField name="jobcat" optype="categorical" dataType="string">
15.        <Value value="clerical"/>
16.        <Value value="professional"/>
17.        <Value value="trainee"/>
18.        <Value value="skilled"/>
19.     </DataField>
20.     </DataDictionary>
21.     <RegressionModel modelName="Sample for logistic regression"
    functionName="classification" algorithmName="logisticRegression"
     normalizationMethod="softmax" targetFieldName="jobcat">
22.        <MiningSchema>
23.         <MiningField name="age"/>
24.         <MiningField name="work"/>
25.         <MiningField name="sex"/>
26.         <MiningField name="minority"/>
27.         <MiningField name="jobcat" usageType="target"/>
28.        </MiningSchema>
29.        <RegressionTable intercept="46.418" targetCategory="clerical">
30.         <NumericPredictor name="age" exponent="1" coefficient="-0.132"/>
31.         <NumericPredictor name="work" exponent="1" coefficient="7.867E-02"/>
32.         <CategoricalPredictor name="sex" value="0" coefficient="-20.525"/>
33.         <CategoricalPredictor name="sex" value="1" coefficient="0.5"/>
34.         <CategoricalPredictor name="minority" value="0" coefficient="-19.054"/>
35.         <CategoricalPredictor name="minority" value="1" coefficient="0"/>
36.        </RegressionTable>
37.        <RegressionTable intercept="51.169" targetCategory="professional">
38.         <NumericPredictor name="age" exponent="1" coefficient="-0.302"/>
39.         <NumericPredictor name="work" exponent="1" coefficient="0.155"/>
40.         <CategoricalPredictor name="sex" value="0" coefficient="-21.389"/>
41.         <CategoricalPredictor name="sex" value="1" coefficient="0.1"/>
42.         <CategoricalPredictor name="minority" value="0" coefficient="-18.443"/>
43.         <CategoricalPredictor name="minority" value="1" coefficient="0"/>
44.        </RegressionTable>
45.        <RegressionTable intercept="25.478" targetCategory="trainee">
46.         <NumericPredictor name="age" exponent="1" coefficient="-0.154"/>
```

```
47.        <NumericPredictor name="work" exponent="1" coefficient="0.266"/>
48.        <CategoricalPredictor name="sex" value="0" coefficient="-2.639"/>
49.        <CategoricalPredictor name="sex" value="1" coefficient="0.8"/>
50.        <CategoricalPredictor name="minority" value="0" coefficient="-19.821"/>
51.        <CategoricalPredictor name="minority" value="1" coefficient="0.2"/>
52.      </RegressionTable>
53.      <RegressionTable intercept="0.0" targetCategory="skilled"/>
54.    </RegressionModel>
55.  </PMML>
```

例子5：使用预测变量交叉影响的回归模型。这个例子使用了元素 PredictorTerm 来表示回归方程中变量 age 和 work 交叉影响的部分。本例中用到的回顾方程为：

$$y = 2.1 - 0.1age^2 \times work - 20.525sex(0)$$

在这个方程中，目变变量 y 的值与年龄 age 的平方相关。

这个回归模型对应的 PMML 代码如下：

```
1.   <PMML xmlns="http://www.dmg.org/PMML-4_3" version="4.3">
2.    <Header copyright="DMG.org"/>
3.    <DataDictionary numberOfFields="4">
4.      <DataField name="age" optype="continuous" dataType="double"/>
5.      <DataField name="work" optype="continuous" dataType="double"/>
6.      <DataField name="sex" optype="categorical" dataType="string">
7.       <Value value="male"/>
8.       <Value value="female"/>
9.      </DataField>
10.     <DataField name="y" optype="continuous" dataType="double"/>
11.    </DataDictionary>
12.    <RegressionModel modelName="Sample for interaction terms" functionName=
"regression" targetFieldName="y">
13.      <MiningSchema>
14.        <MiningField name="age" optype="continuous"/>
15.        <MiningField name="work" optype="continuous"/>
16.        <MiningField name="sex" optype="categorical"/>
17.        <MiningField name="y" optype="continuous" usageType="target"/>
18.      </MiningSchema>
19.      <RegressionTable intercept="2.1">
20.        <CategoricalPredictor name="sex" value="female" coefficient="-20.525"/>
21.        <PredictorTerm coefficient="-0.1">
```

```
22.            <FieldRef field="age"/>
23.            <FieldRef field="age"/>
24.            <FieldRef field="work"/>
25.         </PredictorTerm>
26.       </RegressionTable>
27.     </RegressionModel>
28.   </PMML>
```

可以看出，一个预测变量可以在元素 PredictorTerm 中出现多次。

8 高斯过程模型GaussianProcessModel

从概率论和统计学的角度看，随机过程（Stochastic process）是由时间或空间索引（标记）的随机变量的集合，而高斯过程是一种特殊的随机过程。所以我们有必要先简单回顾一下随机过程的概念。

随机过程的定义如下：设 $\{\Omega,F,P\}$ 是一个概率空间，T 为一个实数集合，对每一个 $t\in T$，$X(\omega,t)$ 是定义在概率空间上的随机变量，则称 $\{X(\omega, t), \omega\in\Omega, t\in T\}$ 为概率空间上的随机过程，简记为 $\{X(t), t\in T\}$。其中：

➢ Ω 是样本空间，为一个非空集合，它的元素称作"样本输出"，写作 ω。

➢ F 是样本空间 Ω 的幂集（即以 Ω 的全部子集为元素的集合）的一个非空子集。F 集合的元素称为事件，它是样本空间 Ω 的子集。事件是样本输出的集合，在此集合上可定义其概率。

➢ P 称为概率，或者概率测度，是一个从集合 F 到实数域 R 的函数。每个事件都被函数 P 赋予一个 0 到 1 之间的概率值。

在随机过程中，如果每个随机变量都服从高斯分布（正态分布），并且这些随机变量的有限集合形成的组合服从多元高斯分布（多元正态分布），则称这种随机过程为高斯过程。由此可见，高斯过程的分布是组成高斯过程的所有随机变量（可以有无限多个）的联合分布，它是具有连续域（时间或空间）的函数的分布。这也是高斯过程的特殊性所在。

高斯过程是以卡尔·弗里德里希·高斯（Carl Friedrich Gauss，德国著名的数学家、物理学家、天文学家、大地测量学家，近代数学奠基者之一）命名的，因为它是基于高斯分布（正态分布）的一种随机过程。图8-1为卡尔·弗里德里希·高斯。

图8-1 卡尔·弗里德里希·高斯

8.1 高斯过程模型基础知识

高斯过程可以看作是多元高斯分布的无限维推广，而多元高斯分布（也称为多元正态分布、联合正态分布）则是一维（单变量）正态分布向更高维度的推广。因此，为了更好地理解和把握高斯过程的知识，我们这里有必要介绍一下多元高斯分布的概念。

对于一个由 K 个服从正态分布的随机变量组成的 K 维向量，如果任意一个由 k 个（k 为1到 K 之间的正整数）分量组成的线性组合都服从单变量（一元）正态分布的形式，则认为这个随机向量是一个 K 维正态分布的向量。也就是说，多元高斯分布的每个随机变量都呈正态分布，联合分布也是高斯分布的。多元高斯分布通常用来描述一组围绕某个均值的、相互关联的随机变量间的关系。

设有多元高斯分布向量 $\vec{X}$，它由均值向量 $\vec{\mu}$ 和协方差矩阵 Σ 定义，表示如下：

$$\vec{X} \sim N(\vec{\mu}, \Sigma)$$

从这个定义中可以看出，多元高斯分布有两个重要参数，一个是均值函数 $\vec{\mu}$，另一个是协方差函数 Σ。上面定义中，各个符号的意义如下。

➤ $\vec{X} = (X_1, X_2, \cdots, X_K)$，$X_1, X_2 \cdots X_K$ 为向量分量，它们均服从高斯分布（分布参数不一定相同），即：

$$X_i \sim N(\mu_i, \sigma_i^2)$$

➤ $\vec{\mu} = (\mu_1, \mu_2, \cdots, \mu_K)$ 为 K 维均值向量，表达了该分布的期望值，每个分量 μ_i 表示该分量正态分布的期望值。

➤ $\Sigma = \text{cov}(X, X) = (\sigma_{ij})_{K \times K}$，为 $\vec{X}$ 的协方差矩阵，是一个 $K \times K$ 的方阵。其中 σ_{ij} 为随机变量 X_i、X_j 之间的协方差。另外，称 $|\text{cov}(X, X)|$ 为随机向量 $\vec{X}$ 的广义方差，它是协方差矩阵的行列式之值。

协方差的意义在于衡量两个随机变量偏差（变量值-均值）的变化趋势是否一致；如果再除以两变量标准差之积，以实现标准化（归一化），即成为两个变量之间的相关系数（相似性度量）。所以，协方差矩阵能够表示随机向量 $\vec{X}$ 各个分量之间的相关性。

多元高斯分布向量 $\vec{X}$ 的概率密度函数为：

$$f(\vec{X}) = f(X_1, X_2, \cdots, X_K) = \frac{e^{\left(-\frac{1}{2}(\vec{X}-\vec{\mu})^T \Sigma^{-1}(\vec{X}-\vec{\mu})\right)}}{\sqrt{(2\pi)^K |\Sigma|}}$$

特别地，当 $K=1$ 时，就是一元（单变量）正态分布的密度函数。图8-2为二元（$K=2$）高斯分布图形。

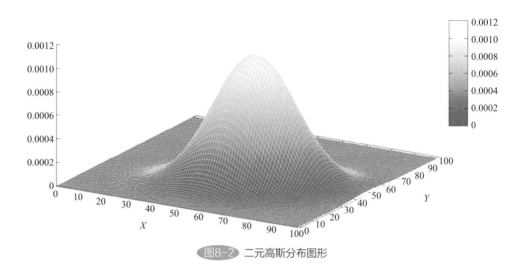

图8-2 二元高斯分布图形

从图8-2可以看出，该分布有一个中心（就是均值向量 $\vec{\mu}$），其协方差矩阵决定了分布的形状。

多元高斯分布的边际分布是正态的，它的条件分布（即在给定一部分变量值的情况下，其余变量子集的联合分布）也是正态的。

8.2　高斯过程算法简介

从模型算法角度看，高斯过程是定义在目标变量（响应变量）上的高斯分布。在高斯过程模型中，使用概率分布而不是点估计来进行预测，也就是说，在给定的训练数据集合中，一个样本数据中的目标变量不再认为是某个固定的值，而是认为从某个正态分布中抽取的样本值。在高斯过程中，输入空间中每个观测点（即目标变量值）都是与一个正态分布的随机变量相关联的，正如前面所讲，高斯过程的分布是所有这些（可有无限多个）随机变量的联合分布。

高斯过程可以用来进行回归预测，也可以用来进行分类预测。如果高斯过程中观测变量空间是实数，则可以进行回归预测；如果高斯过程中观测变量空间是整数域（观测点是离散的），则可以进行分类预测。不过，高斯过程的回归与前面讲过的回归分析模型的预测有明显的不同：在前面的回归分析中，回归模型构建的目的是为了找到一个给定形式的函数，这个函数尽可能充分地描述（损失函数值最小）一组给定的数据点（训练数据），这个函数称为回归（拟合）函数。在这样的模型（回归函数）中，其截距和回归系数是固定的。而高斯过程的解决方法不是寻找某个回归函数，而是通过寻找这些函数值的分布，为每个函数分配一个概率，使用该概率分布的均值表示新的数据预测，即在高斯过程回归模型中，没有建立目标变量 Y 和预测变量 X 的直接函数关系，而是通过核函数（Kernel Function）的方式直接建立目标变量值 Y 之间的关系。

核函数是一个二元（两个向量）函数，定义为两个向量的内积，可以理解为两个数据点之间的相似关系，以 $K(X, Z)$ 表示。在高斯过程模型中，通过核函数来表示目标变量 Y 的协方差矩阵，所以核函数也称为协方差函数。

在实际应用中，有多种核函数可以使用。在构建核函数时首先要找到一个基函数（basis function），实际上就是关于特征变量（预测变量）的函数（feature function）。具体的选择要根据训练数据集的特点和解决的问题来确定。下面是高斯过程回归中常用的核函数：

（1）径向基核函数（Radial Basis Function Kernel）

简称为RBF核函数。公式为：

$$K(X, Z) = \gamma \times exp\left(-\frac{1}{2}\sum_{i=1}^{n}\left(\frac{|x_i - z_i|}{\lambda}\right)^2\right)$$

式中　γ——幅值调节参数（下同）；

λ——宽度参数，控制径向作用范围，即控制高斯核函数的局部作用范围。由于这个函数类似于高斯函数，因此也称为高斯核函数。

（2）ARD平方指数核函数（Automatic Relevance Determination squared exponential basis function）

这个核函数与径向基核函数类似，不同点在于宽度参数是变化的，公式如下：

$$K(X, Z) = \gamma \times exp\left(-\frac{1}{2}\sum_{i=1}^{n}\left(\frac{|x_i - z_i|}{\lambda_i}\right)^2\right)$$

式中，λ_i 是对应于预测变量 X_i 的宽度参数（下同）。

（3）绝对指数核函数（Absolute Exponential Kernel）

这个核函数与ARD平方指数核函数类似，只是在指数计算部分中，求和部分采用的是绝对值，而不是平方。公式如下：

$$K(X, Z) = \gamma \times exp\left(-\frac{1}{2}\sum_{i=1}^{n}\left(\frac{|x_i - z_i|}{\lambda_i}\right)\right)$$

（4）通用指数核函数（Generalized Exponential Kernel）

这个核函数与ARD平方指数核函数类似，只是在指数计算部分中，求和部分采用的一个变化的参数（实际应用中需要预先指定），而不是一个固定值。

$$K(X, Z) = \gamma \times exp\left(-\frac{1}{2}\sum_{i=1}^{n}\left(\frac{|x_i - z_i|}{\lambda_i}\right)^d\right)$$

式中，d 为幂指数，是一个正整数。从公式可以看出，当 $d=1$ 时，即为绝对指数核函数；当 $d=2$ 时，即为 ARD 平方指数核函数。

高斯过程模型的优点也正在于可以定义各种各样的核函数来表示目标变量 Y 之间的协方差，而无需明确指定出预测变量 X。高斯过程摒弃了线性模型参数的思想，直接通过核函数建立目标变量 Y 之间的关系，这样可从一个有参模型过渡到一个无参模型。

图 8-3 为一个高斯过程回归的示意图。

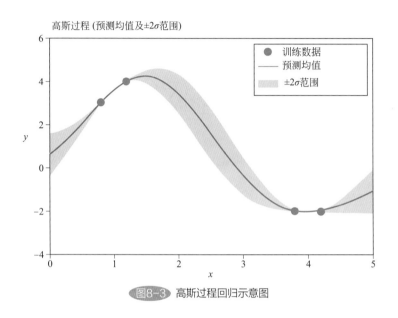

图8-3 高斯过程回归示意图

下面我们简述一下应用高斯过程模型的一般原理和步骤。

在高斯回归模型中，一个关键的假设是：每一个目标变量的值被看作是对带有噪声项的某个目标函数的一次计算（高斯噪声函数），即：

$$Y=f(X)+\varepsilon=f(X)+N(0, \sigma_\varepsilon^2)$$

对函数 $f(X)$ 的先验知识，以高斯过程 GP（Gaussian Process）来表示，即：

$$P(f)=GP(m(\cdot), k(\cdot,\cdot))$$

式中，$m(\cdot)$ 是均值函数，这里假设为零均值函数 $m(\cdot)=0$；$k(\cdot,\cdot)$ 是核函数。

此时，观测目标变量的似然函数以高斯分布来表示，即：

$$P(y|f)=N(f, \sigma_\varepsilon^2)$$

现在，假定给定训练样本数据集 D（有 n 个观测数据样本）：

$$D=\{(X_i, Y_i)|i=1,\cdots, n\}$$

在给定新的数据 X_{new} 时，新的目标值 $Y_{new}=f(X_{new})+\varepsilon$ 的后验概率以概率分布的形式可以表示为：

$$Y_{\text{new}} \sim N(\mu(X_{\text{new}}|D), \sigma^2(X_{\text{new}}|D))$$

式中，$\mu(X_{\text{new}}|D)$ 为目标变量 Y_{new} 的预测均值；$\sigma^2(X_{\text{new}}|D)$ 是 Y_{new} 针对新数据 X_{new} 的方差。它们的表达式为：

$$\mu(X_{\text{new}}|D) = k^T(K+\sigma_\varepsilon^2 I)^{-1} Y_{1:n}$$

$$\sigma^2(X_{\text{new}}|D) = k(X_{\text{new}}, X_{\text{new}}) - k^T(K+\sigma_\varepsilon^2 I)^{-1}k + \sigma_\varepsilon^2$$

式中，$k^T = (k(X_1, X_{\text{new}}), \cdots, k(X_n, X_{\text{new}}))$，是一个由训练数据集中输入变量 X_1、$X_2 \cdots X_n$ 与新数据 X_{new} 之间的核函数值组成的向量；I 为单位矩阵；K 为协方差矩阵（核函数矩阵），其中单元 (i,j) 的值 K_{ij} 为 $K_{ij}=k(X_i, X_j)$；$Y_{1:n}$ 为训练集中目标变量的值。

至此，新的目标变量值 Y_{new} 即可得出。注意 Y_{new} 也是一个服从高斯分布的随机变量。

根据以上流程步骤，为了能够对新的数据集 $D_{\text{new}} = \{(X_{i\text{new}}, Y_{i\text{new}}) | i=1, \cdots, m\}$ 进行高斯过程回归的应用，需要在模型中保存以下模型信息：

✓ 训练数据集 $D = \{(X_i, Y_i) | i=1, \cdots, n\}$ 以及目标变量的响应向量 $Y = \{y_i, \cdots, y_n\}$；

✓ 核函数，用以表示目标函数的底层结构；

✓ 指定核函数的参数（称为模型的超参数，即模型训练前需要预先确定的参数）；

✓ 噪声方差，用以表示目标变量的误差幅度。

8.3 高斯过程模型GaussianProcessModel

一个高斯过程模型元素 GaussianProcessModel 除了包含所有模型通用的模型属性以及子元素 MiningSchema、Output、ModelStats、LocalTransformations 和 ModelVerification 等共性部分外，还包括高斯过程模型特有的属性和子元素。各种模型共性的内容请参见笔者的另一本书《PMML建模标准语言基础》，这里将主要介绍高斯过程模型特有的部分。

高斯过程模型元素 GaussianProcessModel 特有的子元素包括一个核函数子元素以及一个训练数据集合子元素 TrainingInstances。另外，模型还有一个特有的属性：优化算法属性 optimizer。下面我们重点讲述这些特有的元素和属性。

在 PMML 规范中，高斯过程模型元素 GaussianProcessModel 的定义如下：

```
1.  <xs:element name="GaussianProcessModel">
2.    <xs:complexType>
3.      <xs:sequence>
4.        <xs:element ref="Extension" minOccurs="0" maxOccurs="unbounded"/>
5.        <xs:element ref="MiningSchema"/>
6.        <xs:element ref="Output" minOccurs="0"/>
```

```
7.      <xs:element ref="ModelStats" minOccurs="0"/>

8.      <xs:element ref="ModelExplanation" minOccurs="0"/>

9.      <xs:element ref="Targets" minOccurs="0"/>

10.     <xs:element ref="LocalTransformations" minOccurs="0"/>

11.     <xs:sequence>

12.       <xs:choice>

13.         <xs:element ref="RadialBasisKernel"/>

14.         <xs:element ref="ARDSquaredExponentialKernel"/>

15.         <xs:element ref="AbsoluteExponentialKernel"/>

16.         <xs:element ref="GeneralizedExponentialKernel"/>

17.       </xs:choice>

18.     </xs:sequence>

19.     <xs:element ref="TrainingInstances"/>

20.     <xs:element ref="ModelVerification" minOccurs="0"/>

21.     <xs:element ref="Extension" minOccurs="0" maxOccurs="unbounded"/>

22.   </xs:sequence>

23.     <xs:attribute name="modelName" type="xs:string" use="optional"/>

24.     <xs:attribute name="functionName" type="MINING-FUNCTION" use=
"required"/>

25.     <xs:attribute name="algorithmName" type="xs:string"/>

26.     <xs:attribute name="optimizer" type="xs:string" use="optional"/>

27.     <xs:attribute name="isScorable" type="xs:boolean" default="true"/>

28.   </xs:complexType>

29. </xs:element>
```

8.3.1　模型属性

任何一个模型都可以包含modelName、functionName、algorithmName和isScorable四个属性，其中属性functionName是必选的，其他三个属性是可选的。它们的含义请参考第一章关联规则模型的相应部分，此处不再赘述。

对于高斯过程模型来说，属性functionName＝"clustering"。

高斯过程模型除了可以具有上面几个所有模型共有的属性外，还有一个特有的属性：可选的优化算法属性optimizer。

优化算法optimizer指定了在训练高斯过程模型中的优化算法名称，为一个字符串值。可取"fmin_cobyla""Welch"等等。

8.3.2 模型元素

高斯过程模型元素GaussianProcessModel包含了两个特有的子元素：一个指定的核函数子元素和一个训练数据集合子元素 TrainingInstances。

(1) 核函数子元素

在PMML规范中，高斯过程模型元素GaussianProcessModel支持前面讲述的四种核函数，即径向基核函数（元素ARDSquaredExponentialKernel）、ARD平方指数核函数（元素ARDSquaredExponentialKernel）、绝对指数核函数（元素 AbsoluteExponentialKernel）和通用指数核函数（元素 GeneralizedExponentialKernel）。而核函数就是由这四种核函数之一来表示的。

另外在使用高斯过程模型进行回归预测时，总是假定噪声项服从高斯分布，并且是独立同分布的。由于在构建协方差矩阵时使用的公式为$K+\sigma_\varepsilon^2 I$，需要用到噪声方差σ_ε^2，所以这也是每个核函数所需要的信息。

我们先看一下这四种核函数在PMML的定义：

```
1.  <xs:element name="RadialBasisKernel">
2.    <xs:complexType>
3.      <xs:sequence>
4.        <xs:element ref="Extension" minOccurs="0" maxOccurs="unbounded"/>
5.      </xs:sequence>
6.      <xs:attribute name="description" type="xs:string" use="optional"/>
7.      <xs:attribute name="gamma" type="REAL-NUMBER" use="optional" default="1"/>
8.      <xs:attribute name="noiseVariance" type="REAL-NUMBER" use="optional" default="1"/>
9.      <xs:attribute name="lambda" type="REAL-NUMBER" use="optional" default="1"/>
10.   </xs:complexType>
11. </xs:element>
12.
13. <xs:element name="ARDSquaredExponentialKernel">
14.   <xs:complexType>
15.     <xs:sequence>
16.       <xs:element ref="Extension" minOccurs="0" maxOccurs="unbounded"/>
17.       <xs:element ref="Lambda" minOccurs="0" maxOccurs="unbounded"/>
18.     </xs:sequence>
```

```
19.        <xs:attribute name="description" type="xs:string" use="optional"/>
20.        <xs:attribute name="gamma" type="REAL-NUMBER" use="optional"
  default="1"/>
21.        <xs:attribute name="noiseVariance" type="REAL-NUMBER" use="optional"
  default="1"/>
22.    </xs:complexType>
23.  </xs:element>
24.
25.  <xs:element name="AbsoluteExponentialKernel">
26.    <xs:complexType>
27.      <xs:sequence>
28.        <xs:element ref="Extension" minOccurs="0" maxOccurs="unbounded"/>
29.        <xs:element ref="Lambda" minOccurs="0" maxOccurs="unbounded"/>
30.      </xs:sequence>
31.      <xs:attribute name="description" type="xs:string" use="optional"/>
32.      <xs:attribute name="gamma" type="REAL-NUMBER" use="optional"
  default="1"/>
33.      <xs:attribute name="noiseVariance" type="REAL-NUMBER" use="optional"
  default="1"/>
34.    </xs:complexType>
35.  </xs:element>
36.
37.  <xs:element name="GeneralizedExponentialKernel">
38.    <xs:complexType>
39.      <xs:sequence>
40.        <xs:element ref="Extension" minOccurs="0" maxOccurs="unbounded"/>
41.        <xs:element ref="Lambda" minOccurs="0" maxOccurs="unbounded"/>
42.      </xs:sequence>
43.      <xs:attribute name="description" type="xs:string" use="optional"/>
44.      <xs:attribute name="gamma" type="REAL-NUMBER" use="optional"
  default="1"/>
45.      <xs:attribute name="noiseVariance" type="REAL-NUMBER" use="optional"
  default="1"/>
46.      <xs:attribute name="degree" type="REAL-NUMBER" use="optional"
  default="1"/>
47.    </xs:complexType>
```

```
48. </xs:element>

49.

50. <xs:element name="Lambda">

51.   <xs:complexType>

52.     <xs:sequence>

53.       <xs:element ref="Extension" minOccurs="0" maxOccurs="unbounded"/>

54.       <xs:group ref="REAL-ARRAY"/>

55.     </xs:sequence>

56.   </xs:complexType>

57. </xs:element>
```

对比前面讲述的四个核函数的公式，可以很容易地掌握这四个核函数的知识。下面简要说明一下。

● 径向基核函数元素 ARDSquaredExponentialKernel

这个核函数元素由以下四个属性组成。

◇描述属性description：可选属性，对核函数的说明性文字。同时也可以包含任何其他需要附加的额外信息。

◇幅值参数属性gamma：可选属性，设置核函数的幅值，是一个实数值，默认值为1。

◇噪声方差noiseVariance：可选属性，设置构造协方差矩阵时核函数所需要的噪声方差。是一个实数值，默认值为1。

◇宽度参数属性lambda：可选属性，设置控制核函数的径向作用范围。默认值为1。

◇ARD平方指数核函数元素 ARDSquaredExponentialKernel。

这个核函数元素是由三个属性和一个子元素组成的。其中三个属性与上面的径向基核函数元素的前三个属性意义相同，这里不再赘述。我们这里只讲述它的宽度子元素Lambda（注意第一个字母大写）。结合前面的核函数公式可知，这个核函数的宽度参数是随着特征变量（预测变量）而变化的，所以宽度子元素包含了一个类型为REAL-ARRAY的数组，它的长度为预测变量的长度。注意这个核函数的宽度子元素Lambda与上一个径向基核函数的宽度参数属性lambda不同，一个是全局性的参数，一个是局部性的参数（对应不同的预测变量）。

● 绝对指数核函数元素 AbsoluteExponentialKernel

这个核函数元素的属性和子元素与ARD平方指数核函数元素的属性和子元素完全一样。此处不再赘述。

● 通用指数核函数元素 GeneralizedExponentialKernel

这个核函数的子元素和属性与ARD平方指数核函数元素基本一致，只是多了一个表示幂指数的属性degree。这是一个可选实数类型属性，默认值为1。

（2）训练数据集合子元素TrainingInstances

这个元素包含了进行模型训练所需的数据集合，包括组成这个数据集合的变量定义（包括预测变量和目标变量）以及对应的具体训练数据本身。

在PMML规范中，它的定义如下：

```
1.  <xs:element name="TrainingInstances">
2.    <xs:complexType>
3.      <xs:sequence>
4.        <xs:element ref="Extension" minOccurs="0" maxOccurs="unbounded"/>
5.        <xs:element ref="InstanceFields"/>
6.        <xs:choice>
7.          <xs:element ref="TableLocator"/>
8.          <xs:element ref="InlineTable"/>
9.        </xs:choice>
10.     </xs:sequence>
11.     <xs:attribute name="isTransformed" type="xs:boolean" default="false"/>
12.     <xs:attribute name="recordCount" type="INT-NUMBER" use="optional"/>
13.     <xs:attribute name="fieldCount" type="INT-NUMBER" use="optional"/>
14.   </xs:complexType>
15. </xs:element>
16. <xs:element name="InstanceFields">
17.   <xs:complexType>
18.     <xs:sequence>
19.       <xs:element ref="Extension" minOccurs="0" maxOccurs="unbounded"/>
20.       <xs:element ref="InstanceField" maxOccurs="unbounded"/>
21.     </xs:sequence>
22.   </xs:complexType>
23. </xs:element>
24.
25. <xs:element name="InstanceField">
26.   <xs:complexType>
27.     <xs:sequence>
28.       <xs:element ref="Extension" minOccurs="0" maxOccurs="unbounded"/>
29.     </xs:sequence>
```

```
30.        <xs:attribute name="field" type="xs:string" use="required"/>
31.        <xs:attribute name="column" type="xs:string" use="optional"/>
32.    </xs:complexType>
33. </xs:element>
```

从元素 TrainingInstances 的定义可以看出，它具有三个属性：isTransformed、recordCount、fieldCount，以及两个子元素的组合：InstanceFields 和 TableLocator，InstanceFields 和 InlineTable。

其中外部表格数据定位器元素 TableLocator 可以包含帮助应用程序定位外部具体数据的描述信息；内联表元素 InlineTable 能够表达嵌入在模型文档内部的表格数据。关于这两个元素的具体信息，请参考笔者的另一本书《PMML 建模标准语言基础》，此处不再详细说明。这里我们重点讲述元素 TrainingInstances 所具有的样本数据字段集合子元素 InstanceFields 和它的三个属性。我们先看一下这个元素的三个属性：

◇是否已转换标志属性 isTransformed：可选属性，为一个布尔类型（boolean）的值。这是一个起着标志作用的属性，用以指定本元素包含的训练数据是否已经经过适当的转换以适应训练模型的要求。如果设置为"false"，则指定训练数据没有经过转换；反之，如果设置为"true"，则表明训练数据已经经过适当的转换。默认值为"false"。

◇样本数量属性 recordCount：可选属性，是一个正整数类型的值，显示了训练数据集合中的样本记录数，它必须与承载数据的子元素 TableLocator 或 InlineTable 中的记录数保持一致。

◇字段数量属性 fieldCount：可选属性，表示训练数据集合中的变量个数（包括预测变量和目标变量）。它必须与样本数据字段集合子元素 InstanceFields 中样本字段子元素 InstanceField 的个数一致。

最后，我们看一下样本数据字段集合子元素 InstanceFields。这个元素包含了所有进入训练模型所需要的字段（变量）名称，它是由多个样本字段子元素 InstanceField 组成的。每个子元素 InstanceField 指定了一个训练模型所需的变量（包括预测变量和目标变量），它由两个属性组成，分别是：

◇字段名称属性 field：必选属性，指定一个数据字段元素 DataField 的名称，或者派生字段元素 DerivedField 的名称（在元素 TrainingInstances 的属性 isTransformed 设置为"true"的情况下）。也可以指定为一个样本 ID 变量。

◇列名称属性 column：可选属性，指定应用在子元素 InlineTable 中的标签或列字段的名称。如果使用了元素 InlineTable 表示训练数据集，则必须要设置此属性。

正是由于高斯过程模型元素 GaussianProcessModel 保留了训练数据集，所以它不太适合需要大量训练数据集的情况。实际上，在处理大数据集时，计算量将成为限制高斯过程应用的一大瓶颈。一般来说，高斯过程模型是一种处理小样本、非线性问题的较好的方法。

8.3.3 评分应用过程

在模型生成之后，就可以应用于新数据进行评分应用了。评分应用是一个以新的数据向量作为输入，预测目标变量的值或类别的过程。这里，我们以例子的形式，详细讲述如何应用 PMML 文档给定的高斯过程的模型信息，进行评分应用。

这是一个利用高斯过程模型进行回归预测的例子。在这个例子中，模型使用的核函数是 ARD 平方指数核函数（ARDSquaredExponentialKernel）。一共有两个训练数据点，其中预测变量的输入向量为：

$$\{X_1 = (1, 3), X_2 = (2, 6)\}$$

而与之对应的目标变量的向量为：

$$\{Y_1 = 1, Y_2 = 2\}$$

我们先看一下高斯过程回归模型的 PMML 实例代码：

```
1.  <PMML xmlns="http://www.dmg.org/PMML-4_3" version="4.3">
2.  <Header copyright="DMG.org"/>
3.    <DataDictionary numberOfFields="3">
4.      <DataField dataType="double" name="x1" optype="continuous"/>
5.      <DataField dataType="double" name="x2" optype="continuous"/>
6.      <DataField dataType="double" name="y1" optype="continuous"/>
7.    </DataDictionary>
8.    <GaussianProcessModel modelName="Gaussian Process Model" functionName="regression">
9.      <MiningSchema>
10.       <MiningField name="x1" usageType="active"/>
11.       <MiningField name="x2" usageType="active"/>
12.       <MiningField name="y1" usageType="predicted"/>
13.     </MiningSchema>
14.     <Output>
15.       <OutputField dataType="double" feature="predictedValue" name="MeanValue"optype="continuous"/>
16.       <OutputField dataType="double" feature="predictedValue" name="StandardDeviation" optype="continuous"/>
17.     </Output>
18.     <ARDSquaredExponentialKernel gamma="2.4890" noiseVariance="0.0110">
19.       <Lambda>
20.         <Array n="2" type="real">1.5164 59.3113</Array>
21.       </Lambda>
```

```
22.        </ARDSquaredExponentialKernel>
23.        <TrainingInstances recordCount="2" fieldCount="3" isTransformed="false">
24.          <InstanceFields>
25.            <InstanceField field="x1" column="x1"/>
26.            <InstanceField field="x2" column="x2"/>
27.            <InstanceField field="y1" column="y1"/>
28.          </InstanceFields>
29.          <InlineTable>
30.            <row>
31.              <x1>1</x1>
32.              <x2>3</x2>
33.              <y1>1</y1>
34.            </row>
35.            <row>
36.              <x1>2</x1>
37.              <x2>6</x2>
38.              <y1>2</y1>
39.            </row>
40.          </InlineTable>
41.        </TrainingInstances>
42.      </GaussianProcessModel>
43.  </PMML>
```

通过上面的模型定义，我们可知以下模型信息：

➤ 模型使用的核函数为ARD平方指数核函数；

➤ 模型的超参数保存在ARD平方指数核函数元素ARDSquaredExponentialKernel中，模型的超参数为：

$$\theta^* = (\gamma^* = 2.4890, \lambda^* = (1.5164, 59.3113), \sigma_\varepsilon^{*2} = 0.0110)$$

➤ 噪声方差为$(\sigma_\varepsilon^*)^2 = 0.0110$，所以可以计算出标准差

$$\sigma_\varepsilon^* = \sqrt{(\sigma_\varepsilon^*)^2} = \sqrt{0.0110} = 0.1051$$

➤ 模型中使用的训练集合为：

$$X_1 = (1, 2) \quad X_2 = (3, 6)$$

现在给定新的数据向量$X_{new} = \{1, 4\}$，目标是计算与之对应的目标变量的值Y_{new}。下面我们详细说明一下利用实例中的模型求解目标变量的值Y_{new}的过程。

第一步，确定随机变量 Y_{new} 的分布形式。根据高斯过程模型的原理可知，Y_{new} 是服从以下正态分布的随机变量（目标变量的后验分布）。

$$Y_{new} \sim N\big(\mu(X_{new}|D), \sigma^2(X_{new}|D)\big)$$

根据前面讲过的评分过程可知，这里 D 为训练样样本集合，即模型中元素 TrainingInstances 给出的训练样本数据。

$$\mu\big((X_{new}|D) = k^T(K+\sigma_\varepsilon^2 I)^{-1}Y_{1:n}$$
$$\sigma^2(X_{new}|D) = k(X_{new}, X_{new}) - k^T(K+\sigma_\varepsilon^2 I)^{-1}k + \sigma_\varepsilon^2$$

第二步，根据模型超参数以及训练数据集计算协方差矩阵。协方差矩阵的各个单元值的计算过程如下：

$$K_{11} = k(X_1, X_1) = \gamma \times exp\left(-\frac{1}{2}\sum_{i=1}^2\left(\frac{|X_{1i}-X_{1i}|}{\lambda_i^2}\right)^2\right) = 2.4890 \times exp\left(-\frac{1}{2}\left(\frac{(1-1)^2}{1.5164^2} + \frac{(2-2)^2}{59.3113^2}\right)\right)$$
$$= 2.4890 \times exp(0) = 2.4890$$

$$K_{12} = k(X_1, X_2) = \gamma \times exp\left(-\frac{1}{2}\sum_{i=1}^2\left(\frac{|X_{1i}-X_{2i}|}{\lambda_i^2}\right)^2\right) = 2.4890 \times exp\left(-\frac{1}{2}\left(\frac{(1-2)^2}{1.5164^2} + \frac{(3-6)^2}{59.3113^2}\right)\right)$$
$$= 2.4890 \times exp(-0.2187) = 2.0000$$

$$K_{22} = k(X_2, X_2) = \gamma \times exp\left(-\frac{1}{2}\sum_{i=1}^2\left(\frac{|X_{2i}-X_{2i}|}{\lambda_i^2}\right)^2\right) = 2.4890 \times exp\left(-\frac{1}{2}\left(\frac{(3-3)^2}{1.5164^2} + \frac{(6-6)^2}{59.3113^2}\right)\right)$$
$$= 2.4890 \times exp(0) = 2.4890$$

$$K_{21} = k(X_2, X_1) = \gamma \times exp\left(-\frac{1}{2}\sum_{i=1}^2\left(\frac{|X_{2i}-X_{1i}|}{\lambda_i^2}\right)^2\right) = 2.4890 \times exp\left(-\frac{1}{2}\left(\frac{(2-1)^2}{1.5164^2} + \frac{(6-3)^2}{59.3113^2}\right)\right)$$
$$= 2.4890 \times exp(-0.2187) = 2.0000$$

则：

$$K+\sigma_\varepsilon^2 I = \begin{bmatrix} 2.4890 & 2.0000 \\ 2.0000 & 2.4890 \end{bmatrix} + (0.1051)^2 \times \begin{bmatrix} 1 & 0 \\ 0 & 1 \end{bmatrix} = \begin{bmatrix} 2.5000 & 2.0000 \\ 2.0000 & 2.5000 \end{bmatrix}$$

第三步，计算新的数据向量 $X_{new} = \{1,4\}$ 与训练数据集中预测变量向量的核函数值 k^T。计算如下（计算过程和第二步一致）：

$$k^T = \big(K(X_1, X_{new}), K(X_2, X_{new})\big) = (2.4886, 2.0014)$$

第四步，根据以上计算的中间结果，计算 $\mu(X_{new}|D)$、$\sigma^2(X_{new}|D)$ 的值。

$$\mu(X_{\text{new}}|D) = k^T(K+\sigma_\varepsilon^2 I)^{-1}Y_{1:n} = (2.4886, 2.0014) \times \begin{bmatrix} 2.5000 & 2.0000 \\ 2.0000 & 2.5000 \end{bmatrix}^{-1} \times \begin{bmatrix} 1 \\ 2 \end{bmatrix} = 1.0095$$

$$\sigma^2(X_{\text{new}}|D) = k(X_{\text{new}}, X_{\text{new}}) - k^T(K+\sigma_\varepsilon^2 I)^{-1}k + \sigma_\varepsilon^2$$

$$= 2.4890 - (2.4886, 2.0014)^T \times \begin{bmatrix} 2.5000 & 2.0000 \\ 2.0000 & 2.5000 \end{bmatrix}^{-1} \times (2.4886, 2.0014) + 0.011$$

$$= 0.0226$$

这样，目标随机变量 Y_{new} 在新数据向量 X_{new} 下的均值和方差已确定，即 Y_{new} 的分布已经确定。

第五步，如果需要，还可以进一步计算出 Y_{new} 的95%的置信区间，计算如下：

$$\sigma(X_{\text{new}}|D) = \sqrt{\sigma^2(X_{\text{new}}|D)} = \sqrt{0.0226} = 0.1503$$

$$[\mu(X_{\text{new}}|D) - 1.96 \times \sigma(X_{\text{new}}|D), \ \mu(X_{\text{new}}|D) + 1.96 \times \sigma(X_{\text{new}}|D)] = [0.7148, 1.3042]$$

至此，一个完整的高斯过程模型的评分应用过程就结束了。

9 最近邻模型 NearestNeighborModel

9.1 KNN最近邻模型基础知识

KNN（K-Nearest Neighbors Algorithm），即K最近邻模型，也称KNN算法，是由Cover和Hart于1968年提出的，是一个理论上比较成熟，实现起来比较简单的分类算法，效果比较稳定可靠，所以通常用作其他更复杂分类器的基准，例如人工神经网络模型和支持向量机模型等。

与前面讲过的聚类算法不同，KNN算法是一种有监督学习方法，它的基本思想是：假设有一个分好类别的样本数据（标签数据），这里"分好类别"表示每个样本都有一个对应的已知类别标签。当要对一个新的观测数据进行类别判断时，分别计算出它到每个样本的距离，然后选取距离最小的前K个训练样本进行类别累计投票，得票数最多的那个类别就是新观测数据的类别（标签）。如图9-1所示。

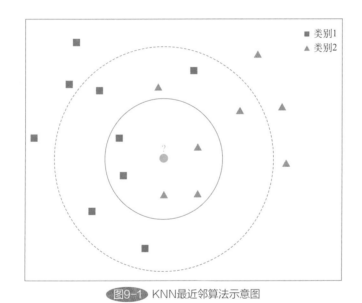

图9-1 KNN最近邻算法示意图

在图9-1中，中间绿色圆圈表示新的观测数据。

KNN算法是根据新观测值与其他观测值（训练数据）的距离或相似程度进行分类的，因此，两个观测值之间的距离是其相似性的测量指标。将彼此靠近的观测数据视为"相邻元素"，相似数据相互邻近，非相似数据则相互远离。

前面说过，在KNN算法中，K表示新观测数据与其他观测数据距离最小的前K个训练样本，也就是需要检验的最相邻元素的数量。图9-2、图9-3分别展示了基于图9-1，使用两个不同的K值对新观测值进行分类的结果。

当$K=5$时，新观测值将被置于"类别2"中，因为在这五个相邻元素中，有三个元素属于"类别2"，两个元素属于"类别1"，即大多数最相邻元素属于"类别2"。所以，我们认为新观测值属于"类别2"（图9-2）。

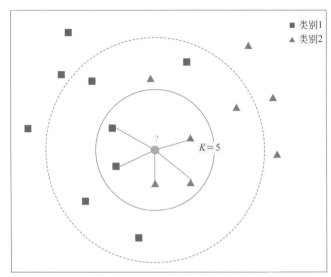

图9-2　K=5时，新观测数据所属类别

当K=11时，新观测值将被置于"类别1"中，因为在这十一个相邻元素中，有六个元素属于"类别1"，五个元素属于"类别2"，即大多数最相邻元素属于"类别1"。所以，我们认为新观测值属于"类别1"（图9-3）。

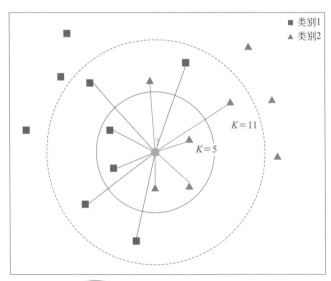

图9-3　K=11时，新观测数据所属类别

KNN模型也可以用于计算连续目标变量的值，即实现回归预测。在这种情况下，新观测数据的目标预测值可以使用K个最近邻元素的对应变量的平均值来表示，也可以采用它们的中位值等其他指标来表示。

KNN是一种"无参模型"。无参模型是指构建模型时无需对训练数据做任何分布假设，也就是模型完全是由训练数据决定的。如果认真思考一下的话，"无参模型"是最能够表达真实世界的，因为大多数观测到的数据并不是十分严格地服从某种分布（如线性回归、朴素贝叶斯模型中的假设）。因此，当关于训练数据的分布信息很少或没有相关先验知识时，KNN模型是分类研究者的首选，这也是它作为其他更复杂分类模型基准的原因之一。

KNN也是一种惰性算法（lazy algorithm，与之对应的是急切算法eager algorithm）。惰性算法是指在对新数据进行分类或者预测前，并没有构建模型，而是在评分应用时，利用训练数据作为"知识"，对新数据进行预测。但是这也意味着KNN模型需要保留所有的训练数据。由于这种模型在评分应用过程中需要用到所有的训练数据，所以，KNN也是一种基于实例的学习算法（instance-based learning algorithm）。表9-1说明了惰性算法和急切算法的特点。

表9-1 惰性算法与急切算法的特点

惰性算法	急切算法
算法简单，自动支持增量学习	复杂度视算法本身而定
需要存储大量的训练数据，计算量相对较大，效率低	无需存储大量数据，评分应用快速
在新观测数据与训练数据进行相似性计算时，构建最终模型	模型提前构建完毕。评分应用过程只是模型的一次应用
几乎没有训练过程	有完整的训练过程
非常适合样本数据具有代表性，但数据量不大的情况	适合大量数据（大数据）的情况
例子：KNN、惰性贝叶斯规则	例子：线性回归、人工神经网络、决策树

惰性算法和急切算法的区别有点类似于解释性语言和编译性语言的区别。我们知道，像Python、Java、C#等属于解释性语言，程序代码在执行之前无需编译为机器语言，程序在运行时才翻译成机器语言，由解释器对每条语句进行翻译，然后才能运行，所以效率较低；而像C/C++、GoLang等属于编译性语言，程序代码在执行前需要一个专门的编译过程，直接编译为机器语言，这样程序在运行时不需要重新编译，直接就可以运行了。

KNN在信用评级、风控、图像识别（文字识别、面部识别）、推荐系统、客户划分等领域有广泛的应用。

9.2 KNN最近邻模型算法简介

从上面的讲述中，我们知道，KNN模型的目的与其他分类或回归模型一样，都是基于训练样本数据，对新的观测数据进行类别划分或回归预测。所不同的是，它没有明显的训练过程，而是在对新数据进行评分应用过程中进行。所以，对于KNN最近邻模型来说有三个需要明确的要素：

① 最近邻元素的数量K值；

② 观测数据之间距离（或相似度）度量指标计算方法；

③ 分类决策规则。

只要这三个要素确定了，那么 KNN 算法的模型也就确定了。

分类决策规则一般采用多数投票表决法，也就是在与新观测数据距离最小的前 K 个样本数据中，哪个类别的样本多，则新数据就属于哪个类别；对于回归问题，则取 K 个样本的目标变量的平均值（或中位值等）。

KNN 最近邻模型中所使用的距离指标的计算方法与前面第五章"聚类模型 ClusteringModel"中使用的方法完全一样，也包括欧几里得距离（euclidean）、平方欧几里得距离（squaredEuclidean）、契比雪夫距离（chebychev）、城市街区距离（cityBlock）、简单匹配系数（simpleMatching）等等距离或相似度计算方法，所以这里我们不再赘述。请读者自行翻阅前面的内容进行学习。

这里我们重点讲述一下最近邻元素的数量 K 值的确定。

K 值是模型的一个超参数（即需要人工预先确定的参数），对于 K 值的选择，没有一个固定的规则，但是在确定 K 值时有以下几点需要注意：

➤ K 值过小，如 $K=1$，则新观测数据属于与其最近的单个样本数据的所属类别，此时模型处于绝对过拟合状态，应当尽量避免这种情况；

➤ K 值越小，过拟合的风险就会增大，噪声数据影响越大，模型预测的偏差就会越小，但是方差越大；

➤ K 值越大，欠拟合的风险就会增大，模型预测的偏差就会越大，但是方差越小；

➤ K 值过大，如 $K=n$（n 为训练样本数据的个数），此时任何一个新观测数据的类别都等于整个训练样本中最常见的类别，此时模型处于绝对欠拟合状态，应当尽量避免这种情况；

➤ K 值可以根据错误率指标来预估，即尝试不同的 K 值，选取预测错误率最低的值作为最终的 K 值，另外也可以通过交叉验证的方式来预估 K 值；

➤ 一种经验估计方法是取 $K=\sqrt{n}$，其中 n 为训练样本数据的个数；

➤ K 尽量取奇数值，以避免出现两个类别投票数相等的情况。

在 K 值、距离计算方法和分类决策规则确定之后，就可以基于训练数据对新观测数据进行预测了。下面我们举例说明 KNN 模型的工作流程。

假设我们有表 9-2 所示的数据，它包含了某个培训班学员的名称、年龄、体重以及体育考试能否通过（目标变量）的数据，其中最后一条是最新的观测数据（学生名称为 Jason）。我们要解决的问题是预测这条新数据代表的学生 Jason 能否通过体育考试。

表9-2　示例数据

学生名称	年龄/岁	身高/cm	体育考试能否通过
John	17	178	N
Jack	21	175	N
Robert	18	165	N
Kayla	23	176	N

续表

学生名称	年龄/岁	身高/cm	体育考试能否通过
Kate	22	170	N
Marie	18	185	N
Alexis	17	164	Y
Madison	22	185	Y
George	25	172	Y
Taylor	24	173	Y
Jotham	19	177	Y
Jason	18	169	?

注意：表中最后一列中，"N"表示体育考试未通过；"Y"表示体育考试通过。

下面是利用 KNN 模型进行预测的流程。

第一步，确定最近邻元素的数量 K 值、距离计算公式以及决策规则。

在本例中我们设 $K=5$，两个样本数据之间的距离公式采用欧几里得距离，决策规则采用简单的多数投票表决法。

第二步，对训练数据进行标准化（规范化）处理。通常情况下，由于不同特征变量（本例为年龄、身高）使用的度量单位不同，因而数值差别巨大。这种情况会导致预测结果被某一个或几个特征变量所主导，从而影响预测结果。为了解决这种问题，需要将数据进行标准化处理，把所有特征变量的值映射到同一个尺度内。

常用的数据标准化方法包括 0-1 标准化（最大值最小值标准化）、Z-Score 标准化（零均值标准化）、log 函数转换等等。在本例中，我们使用 0-1 标准化对数据进行处理。表9-3 为对表9-2 中的数据进行标准化后的结果。

表9-3 对表9-2中数据进行标准化后的结果

学生名称	年龄/岁	身高/cm	体育考试能否通过
John	0	0.666666667	N
Jack	0.5	0.523809524	N
Robert	0.125	0.047619048	N
Kayla	0.75	0.571428571	N
Kate	0.625	0.285714286	N
Marie	0.125	1	N
Alexis	0	0	Y
Madison	0.625	1	Y
George	1	0.380952381	Y
Taylor	0.875	0.428571429	Y
Jotham	0.25	0.619047619	Y
Jason	0.125	0.238095238	?

至此，使用KNN模型的准备工作准备就绪。

第三步，计算新观测数据（学生名称为Jason的数据）与每条训练数据的距离。由于我们决定使用欧几里得距离，所以新观测数据与第一条（学生名称为John）数据之间的距离为：

$$d_1 = \sqrt{\sum_{k=1}^{2}(x_{ik}-x_{jk})^2} = \sqrt{(0.125-0)^2+(0.238095238-0.666666667)^2} = 0.44642857152$$

同理计算其他距离数据，如表9-4所示。其中最后一列列出了距离最小的前5（K值）个的序号。

表9-4　新观测数据与每条训练数据的距离计算结果

学生名称	年龄/岁	身高/cm	体育考试能否通过	计算距离	排序
John	0	0.666666667	N	0.446428572	4
Jack	0.5	0.523809524	N	0.471442099	5
Robert	0.125	0.047619048	N	0.19047619	1
Kayla	0.75	0.571428571	N	0.708333333	
Kate	0.625	0.285714286	N	0.502262455	
Marie	0.125	1	N	0.761904762	
Alexis	0	0	Y	0.268913262	2
Madison	0.625	1	Y	0.911317105	
George	1	0.380952381	Y	0.886585113	
Taylor	0.875	0.428571429	Y	0.773809524	
Jotham	0.25	0.619047619	Y	0.400936051	3
Jason	0.125	0.238095238	?		

第四步，决策判断。

从表9-4中可以看出。在与新观测数据距离最小的前5个样本数据中，其中有三个数据的"体育考试能否通过"值为"N"，有两个数据的"体育考试能否通过"值为"Y"。很显然，我们预测新观测数据（学生Jason）的"体育考试能否通过"值为"N"，即预测学生Jason本次体育考试不能通过。

9.3　最近邻模型NearestNeighborModel

在PMML规范中，使用元素NearestNeighborModel来标记最近邻模型。前面讲过，KNN最近邻模型是一个基于实例的学习算法，所有训练数据需要存储。训练数据将存储在模型元素的内联表子元素 InlineTable 或者外部表格数据定位器子元素 TableLocator 中。关于这两个子元素的具体内容，请参考笔者的另一本书《PMML 建模标准语言基础》，此处不再详细说明。

　　一个 KNN 模型可以有一个或多个目标变量，也可以没有目标变量。如果设置了一个或多个目标变量，则模型预测值的计算是基于 K 个最近邻元素的目标变量值进行计算的；如果没有设置目标变量，则训练数据中必须带有指定样本数据唯一性的 ID（identification）变量，模型预测结果会返回与新观测数据最近邻的 K 个元素的 ID 值。

　　一个最近邻模型元素 NearestNeighborModel 除了包含所有模型通用的模型属性以及子元素 MiningSchema、Output、ModelStats、LocalTransformations 和 ModelVerification 等共性部分外，还包括最近邻模型特有的属性和子元素。各种模型共性的内容请参见笔者的另一本书《PMML 建模标准语言基础》，这里将主要介绍 KNN 最近邻模型特有的属性和子元素。

　　在 PMML 规范中，一个 KNN 最近邻模型由以下四部分组成：

　　① 模型属性；

　　② 训练样本数据；

　　③ 距离度量模式（方法）；

　　④ 输入字段。

　　下面我们通过最近邻模型元素 NearestNeighborModel 来讲述一下这四个部分，它们包含了模型所特有的属性和子元素。

　　在 PMML 规范中，KNN 模型的定义如下：

```
1.  <xs:element name="NearestNeighborModel">
2.   <xs:complexType>
3.    <xs:sequence>
4.     <xs:element ref="Extension" minOccurs="0" maxOccurs="unbounded"/>
5.     <xs:element ref="MiningSchema"/>
6.     <xs:element ref="Output" minOccurs="0"/>
7.     <xs:element ref="ModelStats" minOccurs="0"/>
8.     <xs:element ref="ModelExplanation" minOccurs="0"/>
9.     <xs:element ref="Targets" minOccurs="0"/>
10.     <xs:element ref="LocalTransformations" minOccurs="0"/>
11.     <xs:element ref="TrainingInstances"/>
12.     <xs:element ref="ComparisonMeasure"/>
13.     <xs:element ref="KNNInputs"/>
14.     <xs:element ref="ModelVerification" minOccurs="0"/>
15.     <xs:element ref="Extension" minOccurs="0" maxOccurs="unbounded"/>
16.    </xs:sequence>
17.    <xs:attribute name="modelName" type="xs:string"/>
```

```
18.      <xs:attribute name="functionName" type="MINING-FUNCTION" use=
"required"/>
19.      <xs:attribute name="algorithmName" type="xs:string"/>
20.      <xs:attribute name="numberOfNeighbors" type="INT-NUMBER" use=
"required"/>
21.      <xs:attribute name="continuousScoringMethod" type="CONT-SCORING-
METHOD" default="average"/>
22.      <xs:attribute name="categoricalScoringMethod" type="CAT-SCORING-
METHOD" default="majorityVote"/>
23.      <xs:attribute name="instanceIdVariable" type="xs:string"/>
24.      <xs:attribute name="threshold" type="REAL-NUMBER" default=
"0.001"/>
25.      <xs:attribute name="isScorable" type="xs:boolean" default="true"/>
26.    </xs:complexType>
27.  </xs:element>
28.
29.  <xs:simpleType name="CONT-SCORING-METHOD">
30.    <xs:restriction base="xs:string">
31.      <xs:enumeration value="median"/>
32.      <xs:enumeration value="average"/>
33.      <xs:enumeration value="weightedAverage"/>
34.    </xs:restriction>
35.  </xs:simpleType>
36.
37.  <xs:simpleType name="CAT-SCORING-METHOD">
38.    <xs:restriction base="xs:string">
39.      <xs:enumeration value="majorityVote"/>
40.      <xs:enumeration value="weightedMajorityVote"/>
41.    </xs:restriction>
42.  </xs:simpleType>
```

从上面的定义可以看出，对于最近邻模型元素NearestNeighborModel来说，有三个特有的子元素，分别是训练数据集合子元素TrainingInstances、比较度量指标子元素ComparisonMeasure和KNN模型输入集合子元素KNNInputs，并有numberOfNeighbors、continuousScoringMethod、categoricalScoringMethod、instanceIdVariable和threshold等五个特有的属性。

下面我们对这些子元素和属性进行一一介绍。

9.3.1 模型属性

任何一个模型都可以包含 modelName、functionName、algorithmName 和 isScorable 四个属性，其中属性 functionName 是必选的，其他三个属性是可选的。它们的含义请参考第一章关联规则模型的相应部分，此处不再赘述。

对于 KNN 最近邻模型元素来说，属性 functionName 的可取值是 "classification" "regression" "mixed" 或者 "clustering"。其中：

➤ 如果设置了一个或多个目标变量，且每个目标变量均是连续型变量，则属性 functionName="regression"；

➤ 如果设置了一个或多个目标变量，且每个目标变量是分类型或定序型变量，则属性 functionName="classification"；

➤ 如果设置了目标变量，且目标变量中既有连续型变量，也有分类型或定序型变量，则属性 functionName="mixed"；

➤ 如果没有设置目标变量，则属性 functionName="clustering"。

除了上面几个所有模型共有的属性外，最近邻模型元素 NearestNeighborModel 还具有五个特有的属性，它们是：最近邻元素的数量属性 numberOfNeighbors、连续型目标变量评分应用方式属性 continuousScoringMethod、分类型目标变量评分应用方式属性 categoricalScoringMethod、样本 ID 标志变量属性 instanceIdVariable 和权重阈值属性 threshold。

● 最近邻元素的数量属性 numberOfNeighbors：必选属性，为一个正整数值。此属性用来设置最近邻元素的数量，即 K 值。

● 连续型目标变量评分应用方式属性 continuousScoringMethod：可选属性，一个类型为 CONT-SCORING-METHOD 的值。指定在目标变量为连续型变量的情况下，在评分应用模型过程中，预测目标变量值时采用的方法，可取值为 median、average 或者 weightedAverage，其中：

➤ 中位值 median：预测变量值取 K 个最近邻元素的目标变量值的中位值；

➤ 平均值 average：预测变量值取 K 个最近邻元素的目标变量值的平均值；

➤ 加权平均值 weightedAverage：预测变量值取 K 个最近邻元素的目标变量值的加权平均值。其中权重与新观测数据与 K 个最近邻元素距离的倒数成正比，计算公式见下面权重阈值属性 threshold。

此属性的默认值为 "average"。

● 分类型目标变量评分应用方式属性 categoricalScoringMethod：可选属性，一个类型为 CAT-SCORING-METHOD 的值。指定在目标变量为分类型或定序型变量的情况下，在评分应用模型过程中，预测目标变量值时采用的方法，可取值为 majorityVote 或者 weightedMajorityVote，其中：

➤ 多数投票表决法 majorityVote：预测目标对应于 K 个最近邻元素中出现频率最高的类别。如果两个或多个预测类别之间出现了平局（类别出现的频率相等），则选择在整个训练数据集中出现频率最大的平局类别；进一步，如果多个类别在整个训练数据集中出现的频率还相等（平局类别），则选择在这些平局类别中按词典顺序（lexical order，即类别名称按照升序排序）排第一的类别。这种方式虽然有些武断，但是也是一种解决冲突的方法。

➤ 加权多数投票表决法 weightedMajorityVote：预测目标对应于 K 个最近邻元素中加权频率最高的类别。其中权重与新观测数据与 K 个最近邻元素距离的倒数成正比，计算公式见下面权重阈值属性 threshold。

此属性的默认值为"majorityVote"。

● 样本 ID 标志变量属性 instanceIdVariable：可选属性。指定标志每条训练数据唯一性的字段名称。此属性在没有设置任何目标变量的情况下是必须要设置的。

● 权重阈值属性 threshold：可选属性。此属性设置了一个很小的正实数值，用于上述加权算法中需要的最小阈值，这样可以避免距离或相似度为 0 的情况下分母为零的问题。假设新观测数据与某个最近邻元素的距离为 d_i，此时权重 w_i 的计算公式为

$$w_i = \frac{1}{d_i + threshold}$$

此属性的默认值为 0.001。

9.3.2 模型子元素

KNN 最近邻模型元素 NearestNeighborModel 包含了三个特有的子元素：训练数据集合子元素 TrainingInstances、比较度量指标子元素 ComparisonMeasure 和 KNN 模型输入集合子元素 KNNInputs。

（1）训练数据集合元素 TrainingInstances

元素 TrainingInstances 包含了所有可用的训练数据，它不仅包含了对训练数据集合中字段（预测变量和目标变量）的定义，也包括了训练数据集合本身。

这个元素我们在第 8 章"高斯过程模型 GaussianProcessModel"中已经做了详细的介绍，这里不再赘述。请读者翻阅前面的内容。

（2）比较度量指标子元素 ComparisonMeasure

这个元素全局性地定义了用来寻找 K 个最近邻元素时所需的距离（或相似度）指标的计算方法。这个元素我们在第 5 章"聚类模型 ClusteringModel"中已经做了详细的介绍，这里不再赘述。请读者翻阅前面的内容。

（3）KNN模型输入集合子元素KNNInputs

元素KNNInputs定义了模型输入的字段集合，它由一个或多个KNN输入子元素KNNInput组成，每个子元素KNNInput表示一个输入字段。

在PMML规范中，元素KNNInputs的定义如下：

```
1.  <xs:element name="KNNInputs">
2.    <xs:complexType>
3.      <xs:sequence>
4.        <xs:element ref="Extension" minOccurs="0" maxOccurs="unbounded"/>
5.        <xs:element ref="KNNInput" maxOccurs="unbounded"/>
6.      </xs:sequence>
7.    </xs:complexType>
8.  </xs:element>
9.
10. <xs:element name="KNNInput">
11.   <xs:complexType>
12.     <xs:sequence>
13.       <xs:element ref="Extension" minOccurs="0" maxOccurs="unbounded"/>
14.     </xs:sequence>
15.     <xs:attribute name="field" type="FIELD-NAME" use="required"/>
16.     <xs:attribute name="fieldWeight" type="REAL-NUMBER" default="1"/>
17.     <xs:attribute name="compareFunction" type="COMPARE-FUNCTION"/>
18.   </xs:complexType>
19. </xs:element>
```

KNN输入子元素KNNInput主要由三个属性组成，分别是：

● 字段名称属性field：必选属性，指定一个数据字段元素DataField的名称，或者派生字段元素DerivedField的名称。需要注意的是，如果本属性设置的名称是派生字段元素DerivedField的名称，且元素TrainingInstances的属性isTransformed设置为"false"的话，训练数据和KNNInput一样需要做转换处理，它们需按照元素TransformationDictionary或LocalTransformations中定义的转换方式进行。

● 字段权重属性fieldWeight：可选属性，定义了一个字段的权重（重要程度）。此属性值用于比较度量函数属性compareFunction指定的距离函数计算，它必须是一个大于0的数值。此属性默认值为1。

● 比较度量函数名称compareFunction：可选属性，一个类型为COMPARE-FUNCTION的值。这个属性局部性地为某个变量指定了距离（或相似度）指标的计算方法。如果没有设置此属性，将使用模型元素NearestNeighborModel的子元素ComparisonMeasure指定的值。

9.3.3 评分应用过程

在KNN最近邻模型表达完成后，就可以应用于新数据进行评分了，这是一个应用KNN模型的过程。在本节中，我们将通过几个实例来详细说明最近邻模型NearestNeighborModel的结构以及评分应用的过程。

例子1：在这个例子中，使用了关于鸢尾花的数据集（共149个训练数据），有四个预测变量和两个目标变量，其中四个预测变量为：

➢ "petal length"（花瓣长度）
➢ "petal width"（花瓣宽度）
➢ "sepal length"（花萼长度）
➢ "sepal width"（花萼宽度）

两个目标变量中，一个为连续型变量，另外一个为分类型变量，它们是：

➢ "species"（鸢尾花类别号，连续型变量），其列名（column）为 target_species
➢ "species_class"（鸢尾花类别，分类型变量），其列名（column）为 target_class

请看本例的PMML文档的代码：

```
1.  <PMML xmlns="http://www.dmg.org/PMML-4_3" version="4.3">

2.    <Header copyright="Copyright (c) 2011, DMG.org"/>

3.    <DataDictionary numberOfFields="6">

4.      <DataField name="petal length" optype="continuous" dataType="double"/>

5.      <DataField name="petal width" optype="continuous" dataType="double"/>

6.      <DataField name="sepal length" optype="continuous" dataType="double"/>

7.      <DataField name="sepal width" optype="continuous" dataType="double"/>

8.      <DataField name="species" optype="continuous" dataType="double"/>

9.      <DataField name="species_class" optype="categorical" dataType="string"/>

10.   </DataDictionary>

11.   <NearestNeighborModel modelName="KNN IrisGardens" continuousScoringMethod=
"average" categoricalScoringMethod="majorityVote" numberOfNeighbors="3"
functionName="mixed">

12.       <MiningSchema>

13.         <MiningField name="petal length"/>

14.         <MiningField name="petal width"/>

15.         <MiningField name="sepal length"/>

16.         <MiningField name="sepal width"/>
```

```
17.        <MiningField name="species" usageType="target"/>
18.        <MiningField name="species_class" usageType="target"/>
19.    </MiningSchema>
20.    <Output>
21.        <OutputField targetField="species" dataType="double" feature="pr
edictedValue" name="output_1" optype="continuous"/>
22.        <OutputField targetField="species_class" dataType="string" featu
re="predictedValue" name="output_2" optype="categorical"/>
23.    </Output>
24.    <TrainingInstances recordCount="149" fieldCount="6" isTransformed="false">
25.      <InstanceFields>
26.        <InstanceField field="petal length" column="petal_length"/>
27.        <InstanceField field="petal width" column="petal_width"/>
28.        <InstanceField field="sepal length" column="sepal_length"/>
29.        <InstanceField field="sepal width" column="sepal_width"/>
30.        <InstanceField field="species" column="target_species"/>
31.        <InstanceField field="species_class" column="target_class"/>
32.      </InstanceFields>
33.      <InlineTable>
34.        <row>
35.          <sepal_length>4.9</sepal_length>
36.          <sepal_width>3.0</sepal_width>
37.          <petal_length>1.4</petal_length>
38.          <petal_width>0.2</petal_width>
39.          <target_species>10</target_species>
40.          <target_class>Iris-setosa</target_class>
41.        </row>
42.        <row>
43.          <sepal_length>4.7</sepal_length>
44.          <sepal_width>3.2</sepal_width>
45.          <petal_length>1.3</petal_length>
46.          <petal_width>0.2</petal_width>
47.          <target_species>10</target_species>
```

```
48.          <target_class>Iris-setosa</target_class>
49.        </row>
50.        <!-- ... -->
51.        <row>
52.          <sepal_length>7.0</sepal_length>
53.          <sepal_width>3.2</sepal_width>
54.          <petal_length>4.7</petal_length>
55.          <petal_width>1.24</petal_width>
56.          <target_species>20</target_species>
57.          <target_class>Iris-versicolor</target_class>
58.        </row>
59.        <!-- ... -->
60.        <row>
61.          <sepal_length>6.3</sepal_length>
62.          <sepal_width>3.3</sepal_width>
63.          <petal_length>6.0</petal_length>
64.          <petal_width>2.5</petal_width>
65.          <target_species>30</target_species>
66.          <target_class>Iris-virginica</target_class>
67.        </row>
68.      </InlineTable>
69.    </TrainingInstances>
70.    <ComparisonMeasure kind="distance">
71.      <squaredEuclidean/>
72.    </ComparisonMeasure>
73.    <KNNInputs>
74.      <KNNInput field="petal length" compareFunction="absDiff"/>
75.      <KNNInput field="petal width" compareFunction="absDiff"/>
76.      <KNNInput field="sepal length" compareFunction="absDiff"/>
77.      <KNNInput field="sepal width" compareFunction="absDiff"/>
78.    </KNNInputs>
79.  </NearestNeighborModel>
80.  </PMML>
```

根据本例的模型，结合前面讲述的KNN模型评分应用流程，我们可以很容易地对新的观测数据进行评分应用。首先，通过上面的模型可以确定以下信息：

① 训练数据数量149个（共6个字段），由元素 TrainingInstances 的属性 recordCount 和 fieldCount 指定。

② 最近邻元素的数量 K=3，由模型元素 NearestNeighborModel 的属性 number Of Neighbors 指定。

③ 新观测数据与训练数据之间距离计算方式采用平方欧几里得距离（squaredEuclidean），由子元素 ComparisonMeasure 指定。

④ 对于连续型目标变量的预测采用平均值（average）方式，由模型元素 NearestNeighborModel 的属性 continuousScoringMethod 指定。

⑤ 对于分类型目标变量的预测采用多数投票表决法（majorityVote）方式，由模型元素 NearestNeighborModel 的属性 categoricalScoringMethod 指定。

在具备了上面的信息之后，现在假设有一个新的观测数据obs，其每个特征变量为：

obs = (sepal length = 5.1, sepal width = 3.5, petal length = 1.4, petal width = 0.2)

那么，整个预测的流程如下。

第一步，计算新观测数据与149个训练数据之间的距离（计算过程略）。

第二步，根据第一步的计算结果，按照升序排序，并找出距离最小的前3个最近邻元素（K=3）。分别是：

➤ $D1=0.0800=(6.1-5.9)^2+(3.0-3.0)^2+(4.9-5.1)^2+(1.8-1.8)^2$
连续型目标变量 target_species=20
分类型目标变量 target_class="Iris-versicolor"

➤ $D2=0.1000=(6.0-5.9)^2+(3.0-3.0)^2+(4.8-5.1)^2+(1.8-1.8)^2$
连续型目标变量 target_species=20
分类型目标变量 target_class="Iris-versicolor"

➤ $D3=0.1100=(5.8-5.9)^2+(2.7-3.0)^2+(5.1-5.1)^2+(1.9-1.8)^2$
连续型目标变量 target_species=20
分类型目标变量 target_class ="Iris-versicolor"

第三步，根据第二步的结果，确定目标变量的预测值。

根据模型提供的信息，对于连续型目标变量的预测采用平均值方法。所以，对于新观测变量的目标变量 target_species 的预测值为(20+20+20)/3=20；

对于分类型目标变量的预测采用数投票表决法。由于对于找出的3个最近邻元素的目标变量 target_class 均为"Iris-versicolor"，所以，对于新观测变量的目标变量 target_class 的预测值为同样也是"Iris-versicolor"。

下面我们再举一个预测变量和目标变量均为定序型变量的例子。

例子2：在这个例子中，训练数据为人口普查的数据，由内联表元素 InlineTable

表达。其中目标变量为income（收入级别），这是一个定序型变量，可取值范围为"Low""Middle"或"High"。注意：本例子中有一个唯一标志样本数据的变量ID，由模型元素NearestNeighborModel的属性instanceIdVariable指定。

请看本例的PMML模型文档的代码：

```
1.  <PMML xmlns="http://www.dmg.org/PMML-4_3" version="4.3">
2.    <Header copyright="Copyright (c) 2011, DMG.org"/>
3.    <DataDictionary numberOfFields="4">
4.      <DataField name="marital status" optype="categorical" dataType="string">
5.        <Value value="s"/>
6.        <Value value="d"/>
7.        <Value value="m"/>
8.      </DataField>
9.      <DataField name="age" optype="continuous" dataType="double"/>
10.     <DataField name="dependents" optype="continuous" dataType="double"/>
11.     <DataField name="income" optype="categorical" dataType="string">
12.       <Value value="Low"/>
13.       <Value value="Middle"/>
14.       <Value value="High"/>
15.     </DataField>
16.   </DataDictionary>
17.   <NearestNeighborModel modelName="KNN Census2000" categoricalScoringMethod="majorityVote" numberOfNeighbors="3" functionName="classification" instanceIdVariable="ID" threshold="0.001">
18.     <MiningSchema>
19.       <MiningField name="marital status"/>
20.       <MiningField name="age"/>
21.       <MiningField name="dependents"/>
22.       <MiningField name="income" usageType="target"/>
23.     </MiningSchema>
24.     <Output>
25.       <OutputField dataType="string" feature="predictedValue" name="output_1" optype="categorical"/>
26.       <OutputField dataType="string" feature="entityId" name="neighbor1" rank="1" optype="categorical"/>
27.       <OutputField dataType="string" feature="entityId" name="neighbor2" rank="2" optype="categorical"/>
```

```
28.        <OutputField dataType="string" feature="entityId" name="neighbor
3" rank="3" optype="categorical"/>
29.      </Output>
30.      <LocalTransformations>
31.        <DerivedField name="norm_age" optype="continuous" dataType="double">
32.          <NormContinuous field="age">
33.            <LinearNorm orig="0" norm="0"/>
34.            <LinearNorm orig="45" norm="0.5"/>
35.            <LinearNorm orig="105" norm="1"/>
36.          </NormContinuous>
37.        </DerivedField>
38.        <DerivedField name="married" optype="continuous" dataType="double">
39.          <NormDiscrete field="marital status" value="m"/>
40.        </DerivedField>
41.        <DerivedField name="divorced" optype="continuous" dataType="double">
42.          <NormDiscrete field="marital status" value="d"/>
43.        </DerivedField>
44.        <DerivedField name="single" optype="continuous" dataType="double">
45.          <NormDiscrete field="marital status" value="s"/>
46.        </DerivedField>
47.      </LocalTransformations>
48.      <TrainingInstances recordCount="200" fieldCount="5" isTransformed="false">
49.        <InstanceFields>
50.          <InstanceField field="ID" column="ID"/>
51.          <InstanceField field="marital status" column="ms"/>
52.          <InstanceField field="age" column="age"/>
53.          <InstanceField field="dependents" column="deps"/>
54.          <InstanceField field="income" column="inc"/>
55.        </InstanceFields>
56.        <InlineTable>
57.            <row> <ID>1</ID> <ms>m</ms> <age>33.0</age> <deps>4</
deps> <inc>Low</inc> </row>
58.            <row> <ID>2</ID> <ms>s</ms> <age>25.0</age> <deps>3</
deps> <inc>Low</inc> </row>
59.            <!-- ... -->
```

```
60.          <row> <ID>11</ID> <ms>m</ms> <age>38.0</age> <deps>2</
deps> <inc>Middle</inc> </row>
61.          <!-- ... -->
62.          <row> <ID>200</ID> <ms>m</ms> <age>45.0</age> <deps>1</
deps> <inc>High</inc> </row>
63.       </InlineTable>
64.     </TrainingInstances>
65.     <ComparisonMeasure kind="distance">
66.       <squaredEuclidean/>
67.     </ComparisonMeasure>
68.     <KNNInputs>
69.       <KNNInput field="norm_age" compareFunction="absDiff"/>
70.       <KNNInput field="married" compareFunction="absDiff"/>
71.       <KNNInput field="divorced" compareFunction="absDiff"/>
72.       <KNNInput field="single" compareFunction="absDiff"/>
73.       <KNNInput field="dependents" compareFunction="absDiff"/>
74.     </KNNInputs>
75.   </NearestNeighborModel>
76. </PMML>
```

本例的评分过程和上一个例子类似，所以这里不再过多说明。唯一需要注意的是，由于训练数据集合元素 TrainingInstances 的属性 isTransformed="false"，表示训练数据集没有做任何转换。因此在进行评分应用于新观测数据之前，必须与 KNNInputs 一起，按照元素 LocalTransformations 中定义的转换方式进行转换处理。

附录

PMML 4.3规范支持的挖掘模型

序号	支持的模型	模型说明
1	AssociationModel	关联规则模型
2	NaiveBayesModel	朴素贝叶斯模型
3	BayesianNetworkModel	贝叶斯网络模型
4	BaselineModel	基线模型
5	ClusteringModel	聚类模型
6	GeneralRegressionModel	通用回归模型
7	RegressionModel	回归模型
8	GaussianProcessModel	高斯过程模型
9	NearestNeighborModel	最近邻模型
10	NeuralNetwork	神经网络
11	TreeModel	决策树模型
12	RuleSetModel	规则集模型
13	SequenceModel	序列规则模型
14	Scorecard	评分卡模型
15	SupportVectorMachineModel	SVM（支持向量机）模型
16	TextModel	文本模型（已过时，不再推荐）
17	TimeSeriesModel	时间序列模型
18	MiningModel	聚合模型（模型组合）

注：第一列序号为1～9的模型为本书内容，序号为10～18的模型为本书续集的内容。